石油高等院校特色规划教材

海洋学基础

曾凡辉 编

石油工业出版社

内 容 提 要

本书以海洋油气工程的工作环境为主要对象,系统阐述了海洋科学的演化、地球系统与海洋科学的内容体系、海水的物理化学性质以及海洋钻完井、采油以及集输面临的作业环境、海洋资源的分类及开采方式等内容。

本书可作为海洋油气工程专业教学用书,也可供广大海洋油气田工程技术人员学习参考。

图书在版编目(CIP)数据

海洋学基础/曾凡辉编.

北京:石油工业出版社,2015.12(2019.8重印)

(石油高等院校特色规划教材)

ISBN 978-7-5183-0912-2

Ⅰ.海…

Ⅱ.曾…

Ⅲ.海洋学-高等学校-教材

Ⅳ.P7

中国版本图书馆 CIP 数据核字(2015)第 238648 号

出版发行:石油工业出版社

(北京市朝阳区安华里 2 区 1 号楼　100011)

网　址:www.petropub.com

编辑部:(010)64523579　　图书营销中心:(010)64523633

经　销:全国新华书店

排　版:北京苏冀博达科技有限公司

印　刷:北京中石油彩色印刷有限责任公司

2015 年 12 月第 1 版　2019 年 8 月第 2 次印刷

787 毫米×1092 毫米　开本:1/16　印张:8.75

字数:224 千字

定价:20.00 元

(如出现印装质量问题,我社图书营销中心负责调换)

版权所有,翻印必究

前　言

"海洋学基础"是一门基础知识普及课程,适用于海洋油气工程专业的学生,使之在进入专业课的系统学习前对海洋基础知识有一个初步认识,培养学生对专业的兴趣以及获得今后学习和研究的方向。

本书集地球系统与海洋科学、海水的物理化学性质、海洋作业环境以及海洋资源与开发等知识为一体,供海洋油气工程专业学生使用,可设计课时为 24 学时或 32 学时。

本书由西南石油大学曾凡辉编写,共五章。熊友明教授审查了第一章、第二章,杨志副教授审查了第三章,刘平礼副教授审查了第四章,朱红均副教授审查了第五章。西南石油大学研究生柯玉彪、龙川、程小昭、王晨星、李欣阳、郭凌峣以及海洋油气工程专业李超凡、屈重玖等同学为本书的文字处理和校对做了大量的工作。此外,在本书的编写过程中,得到了西南石油大学石油与天然气工程学院和海洋油气工程教研室的大力支持,在此一并表示感谢。

本书的出版得到中央财政资金的资助,在此表示感谢!

编写过程中尽管做了不少努力,但由于全书内容涉及范围广,加上水平有限,缺点错误在所难免,诚恳希望使用本教材的老师、学生和读者提出宝贵意见,以便今后修改。

编　者

2015 年 5 月

目 录

第一章 绪论 1
  第一节 地球科学概述 1
  第二节 世界海洋科学发展史 7
  第三节 中国海洋科学发展史 10
  思考题 12

第二章 地球系统与海洋科学 13
  第一节 地球概况 13
  第二节 海与洋 19
  第三节 海底的地貌形态 24
  第四节 海洋沉积 32
  思考题 39

第三章 海水的物理化学性质 40
  第一节 海水起源及组成 40
  第二节 海水的物理性质 43
  第三节 海水的化学性质 51
  思考题 55

第四章 海洋作业环境 56
  第一节 风暴潮 56
  第二节 海浪 59
  第三节 海流 63
  第四节 海冰 69
  第五节 海啸 76
  第六节 潮汐 79
  思考题 86

第五章 海洋资源与开发 87
  第一节 海洋生物资源 87
  第二节 海底矿物资源 110
  第三节 海洋油气资源 117
  第四节 海洋其他资源 128
  第五节 海洋油气资源开发 130
  思考题 134

参考文献 135

第一章 绪 论

第一节 地球科学概述

海洋是地球系统的重要组成部分,海洋科学属于地球科学体系,为此,先对地球科学体系作简略介绍。

一、地球科学体系

在苍茫的宇宙之中,迄今只发现地球上有人类繁衍生息,这不能不说是地球的独特与幸运。地球科学就是以人类之家——地球为研究对象的科学体系。从不同角度、对地球内外不同圈层和范围进行研究而形成的各个学科,则是地球科学体系的分支和组成部分。由于地球科学系统本身的复杂性,深入研究其某一部分的学科,便不断形成、发展,有的则逐渐分化而成为相对独立的学科。与此同时,基于地球各部分之间存在的客观联系,特别是不同学科或方法的互相借鉴、交叉与渗透,不断形成一些新的交叉或边缘学科。这样一来,地球科学便形成了众多的分支及相关学科,组成了一个复杂的科学体系。目前占优势的观点认为,地球科学主要包括地理学、地质学、固体地球物理学、大气科学、海洋科学、水文科学,而环境科学和测绘学也与地球科学有着极为密切的关系。

1. 地理学

地理学是研究地球表面自然现象、人文现象以及它们之间的相互关系和区域分异的学科。所谓地球表面,通常是指地球的大气圈、岩石圈、水圈、生物圈和人类圈(又称智能圈)相互交接的界面。广义的地球表面,上自大气对流层顶部,下至岩石圈沉积岩层底部,厚度可达30～35km。狭义的地球表面,则指大气圈、岩石圈、水圈的交接面,上限离地面不超过100m,相当于对流层近地面摩擦层下部——地面边界层,下限为太阳辐射能可到达的深度。由于这一深度在陆地不超过地下 30m,在海洋不超过水下 200m,所以狭义的地球表面的厚度,一般不超过 200~300m,但这却正是生物和人类活动最为集中,也最为活跃的场所。

地理学是一门既古老又年轻的学科,其漫长的发展历程可分为三个时期,即古代地理学时期——自远古至 18 世纪末;近代地理学时期——自 19 世纪至 20 世纪 50 年代;现代地理学时期——自 20 世纪 60 年代至今。历经三个时期的延续和发展,地理学形成了众多的分支,也组成了系统的体系。其主要分支学科有自然地理学、人文地理学、历史地理学、区域地理学、地图学、地名学、方志学等;20 世纪 60 年代以来,又形成了一些横向的理论性、应用性和方法性的分支学科,如理论地理学、应用地理学和地理数量方法等。

需要说明的是,许多研究地球表面某一圈层或某一圈层中部分要素而原属于地理学范畴的学科,也已分出且进一步发展或与其他学科交叉渗透,从而形成了相对独立的学科,如大气科学、海洋科学和水文科学等。

2. 地质学

地质学是关于地球的物质组成、内部结构、外部特征、各圈层间的相互作用和演变历史的知识体系。地质学的研究对象,包括地球的内、外圈层,矿物和岩石,地层和古生物,以及地质构造和地质作用等。由于观察和研究条件的限制,在现阶段仍主要是研究岩石圈,此外,也涉及大气圈、水圈、生物圈以及岩石圈以下更深的部位,甚至包括某些地外物质。

从人类对地质现象的观察和描述历史看,地质学堪称悠久,但是作为一门学科,其成熟则较晚。概因作为研究对象的地球是如此庞大而又古老,从不同侧面和范围,以不同观点和方法,不同的学派和不同的时期,都曾有激烈而反复的争论。地质学的发展,大致可归结为五个时期:从远古至 1450 年为地质科学的萌芽时期;1450—1750 年为地质学的奠基时期;1750—1850 年为地质学的形成时期;1850—1910 年为地质学的发展时期;20 世纪则迎来了地质学的新阶段——现代地质学时期,地质学已形成了包含众多分支的理论体系。

地质学的分支学科大体可分为两类。第一类是探讨基本事实和原理的基础学科,由这些基础学科与生产或其他学科结合而形成的学科,则构成了地质学的第二类分支学科。

第一类有矿物学、岩石学、矿床地质学、地球化学、动力地质学、构造地质学、地貌学、地质力学、古生物学、地层学、历史地理学、古地理学、地质年代学和区域地质学。此外,还有着眼于天体研究的行星地质学、天文地质学等。着眼于地球深部的研究,则是刚刚开拓的新领域。

第二类有水文地质学、工程地质学、环境地质学、灾害地质学、金属矿产地质学、非金属矿产地质学、石油地质学、煤地质学、找矿勘探地质学和矿山地质学等。属于广义地质学或地质科学范畴的,还有地球物理勘探、地球化学勘查、探矿工程、测绘学、地质资料的航空测量与遥感技术、数学处理方法和计算机技术等。依据中国大百科全书,测绘学及相关学科已另立分卷。

3. 固体地球物理学

地球物理学是地质学与物理学间的边缘学科,它研究的是各种地球物理场和地球的物理性质、结构、形成及其中发生的各种物理过程。广义的地球物理学,除研究地球的固体部分外,还包括对水圈和大气圈的研究。因为海洋科学、水文科学和大气科学也已各自发展、扩充并相对独立而划出,于是,致力于研究地球固体部分宏观物理学现象的分支,便成为狭义的地球物理学,或直接称为固体地球物理学。

由于固体地球物理学的问题也是综合性的,所以不能完全按物理学的部门来分类。于是,相应于地下资源的勘探、自然灾害的预测、地球内部的探索和地球信息等的研究,固体地球物理学即有勘探地球物理学(或应用地球物理学)、地震预测、地球内部构造、板块大地构造等分支学科。

4. 大气科学

大气科学是研究大气的各种现象和人类活动对它的影响、这些现象的演变规律,以及如何利用这些规律为人类服务的一门综合性的学科。它的研究对象主要是覆盖整个地球的大气圈,此外,也研究太阳系其他行星的大气。其研究领域已经大大超出了通常所称的"气象学"的范围,亦即大大扩充了传统气象学的研究内容,并与其他学科之间有越来越多的相互渗透,因而从20世纪60年代以来,已普遍采用"大气科学"的称谓。

大气科学也是一门既古老而又年轻的学科。自从人类文明的开始,就有了古代气象经验知识的积累,直到16世纪这段时间属于大气科学的萌芽时期。17世纪至19世纪,是大气科学在物理学基础上开始建立的时期。19世纪至20世纪40年代,是大气科学主要分支学科的形成时期。20世纪50年代以后,则迎来了新技术促进大气科学迅速发展的新时期。

大气科学有众多分支学科和广泛的研究内容,如大气物理学、动力气象学、天气学、气候学、应用气象学、大气化学、大气探测和人工影响天气等。

5. 水文科学

水文科学是关于地球上水的起源、存在、分布、循环、运动等变化规律和运用这些规律为人类服务的知识体系。水文科学研究的对象,包括从陆地表面的水到地下的水,广义地说,也包括从大气中的水到海洋中的水,以及对水圈同大气圈、岩石圈和生物圈等地球自然圈层的相互关系的研究。现代水文科学还重视研究水资源的利用和人类活动对自然环境的反馈效应。

水文科学的发展可分为四个时期:从远古至公元1400年,为水文科学的萌芽时期;此后至1900年,为水文科学的奠基时期;1900—1950年,为应用水文学兴起时期,它以直接为生产和生活提供多方面的服务为特色,而成为近代水文科学体系中最富生气的一个分支;20世纪50年代以后,水文科学进入了新的发展时期——现代水文学时期。

传统的水文科学,是按其研究对象划分分支学科的,主要有河流水文学、湖泊水文学、沼泽水文学、冰川水文学、雪水文学、水文气象学、地下水水文学、区域水文学和海洋水文学。这些学科又通称为普通水文学或水文学。与之对应的则是应用水文学,它主要包括工程水文学、农业水文学、森林水文学、都市水文学、医疗(卫生)水文学等。新技术的应用也促进并形成了一些新分支学科,例如遥感水文学、同位素水文学、随机水文学等。需要说明的是,以陆地上的水为研究对象的陆地水文学,是水文科学的主要组成部分。因为以海洋中的水为研究对象的海洋水文学已归属海洋科学之中,而对大气中的水的研究,至今还没有形成完全独立的学科。

6. 相关学科

与地球科学紧密联系的学科中,仅就其研究对象和涉及的范围而言,当首推环境科学及测绘学,因为它们与地球科学最为相近,也最为密切。

1)环境科学

环境科学是在现代社会经济和科学发展过程中形成的一门新兴的综合性科学。环境科学研究的对象——环境,是对以人类为主体的外部世界而言的,即人类赖以生存和发展的物质条件的综合体,它包括自然环境和社会环境。就自然环境而言,与地球科学研究的对象是相合的。就环境科学的分支而言,其"环境地学"分支,无论就其称谓还是研究对象,显然应属于地球科学的范畴;其他的分支,有的也与地球科学有着相当密切的联系。所以,有些学者认为环境科学应属于地球科学的范畴。

环境科学的分支学科,属自然科学方面的有环境地学、环境生物学、环境化学、环境物理学、环境医学和环境工程学;属于社会科学方面的有环境管理学、环境经济学、环境法学等。

2)测绘学

测绘学的任务在于测定地球形状、重力场和地面点的几何位置,直到测绘各种类型的地图。它既可为地球科学和空间科学提供有关地球内部结构、地球动态及其外部重力场等方面的信息,又可为国家经济建设和国防建设提供所需的宝贵资料,例如有关地球表面自然形态和人工设施的几何分布以及多种社会信息和自然信息的地理分布等。

早在公元前3世纪,就已开始孕育作为测绘学基础的大地测量学。它的发展经历了几何大地测量学和物理大地测量学等阶段,现已进入卫星大地测量学的新时期。工程测量学则是应工程设计、施工、管理或某些特殊要求而形成的分支学科。在测绘方法和技术方面,19世纪仍是实地直接测绘地形,再经综合取舍而制图。20世纪则发展形成了航空摄影测量学,创立了解析摄影测量理论,制成了解析测图仪。现在已发展到航天遥感测量,并借助计算机实现了测图的完全自动化。地图制图学是研究将测绘结果变为成品——地图的学问,它研究的内容包括地图投影、地图编制、地图整饰和地图印制等。成品地图的具体类型则甚多。

二、海洋科学

海洋科学是研究地球上海洋的自然现象、性质和变化规律,以及有关开发与利用海洋的知识体系。它的研究对象既有占地球表面近71%的海洋(其中包括海洋中的水以及溶解或悬浮于海水中的物质、生存于海洋中的生物),也有海洋底边界(海洋沉积和海底岩石圈)以及海洋的侧边界(河口、海岸带),还有海洋的上边界(海面上的大气边界层)等。它的研究内容既有海水的运动规律,海洋中的物理、化学、生物、地质过程及其相互作用的基础理论,也包括海洋资源开发、利用以及有关海洋军事活动所迫切需要的应用研究。这些研究与力学、物理学、化学、生物学、地质学以及大气科学、水文科学等均有密切关系,而海洋环境保护和污染监测与治理还涉及环境科学、管理科学和法学等。世界大洋既广漠又互相连通,从而具有统一性与整体性。海洋中各种自然过程相互作用及反馈的复杂性,人为外加影响的日趋多样性,主要研究方法和手段的相互借鉴、相辅而成的共同性等,促使海洋科学发展形成一个综合性很强的科学体系。

1. 海洋科学研究的对象及特点

海洋科学研究的对象是世界海洋及与之密切相关联的大气圈、岩石圈、生物圈,它们至少有如下的明显特点:

首先是特殊性与复杂性。在太阳系中,除地球之外,尚未发现其他星球上有海洋。全球海洋的总面积约 $3.6 \times 10^8 km^2$,是陆地面积的2.5倍。在总体积 $13.7 \times 10^8 km^3$ 的海水中,水占96.5%。水与其他液态物质相比,具有许多独特的物理性质,如极大的比热容、介电常数和溶解能力,极小的黏滞性和压缩性等。海水由于溶解了多种物质,因而性质更特殊,这不仅影响着海水自身的理化性质,还导致海洋生物与陆地生物的诸多迥异。陆地生物几乎集中栖息于地表上下数十米的范围内,海洋生物的分布则从海面到海底,范围可达10000m。海洋中的近20万种动物、1万多种植物,还有细菌和真菌等,组成了一个特殊的海洋食物网,再加上与之有关的非生命环境,则形成了一个有机界与无机界相互作用与联系的复杂系统——海洋生态系统。

其次,作为一个物理系统,海洋中水—汽—冰三态的转化时刻在进行着,这也是在其他星球上所未发现的。海洋每年蒸发约 $44 \times 10^8 t$ 淡水,可使大气水分每10~15天完成一次更新,势必影响海水密度等诸多物理性质的分布与变化,并进而制约海水的运动以及海洋水团的形成与长消。在固结于旋转地球坐标系中的一点来观察,海水的运动还受制于海面风应力、天体引力、重力和地球自转偏向力等。诸如此类因素的共同作用，必然导致海洋中的各种物理过程更趋复杂，即不仅有力学、热学等物理类型，也有大、中、小各种空间或时间特征尺度的过程。其中的运动过程具有特殊的重要性，因为海水时刻在运动着。

第三，海洋作为一个自然系统，具有多层次耦合的特点。地球海洋充满了各种各样的矛盾，如海陆分布的不均匀、海洋的连通与阻隔。海洋水平尺度之大远逾数万千米，而铅直向尺度小，平均水深只有 3795m，两者差别实为悬殊。其他矛盾诸如蒸发与降水、结冰与融冰、海水的增温与降温、下沉与上升、物质的溶解与析出、沉降与悬浮、淤积与冲刷、海侵与海退、潮位的涨与落、波浪的生与消、大陆的裂离与聚合、大洋地壳的扩张与潜没、海洋生态系平衡的维系与破坏等。它们相反而相成，共同组成了这个复杂的统一体。当然，这个统一体可以分成许多子系统，而许多子系统之间，如海洋与大气，海水与海岸、海底，海洋与生物及化学过程等，大都有相互耦合关系，并且与全球构造运动以及某些天文因素等密切相关。这些自然过程通过各种形式的能量或物质循环相互影响和制约，从而结合在一起构成了一个全球规模的、多层次的、复杂的海洋自然系统。海洋科学的任务，就是借助现场观测、物理实验和数值实验手段，通过分析、综合、归纳、演绎及科学抽象等方法，研究这一系统的结构和功能，以便认识海洋，揭示规律，既可使之服务于人类，又能保证可持续发展。

海洋科学研究也有其显著的特点。首先，它明显地依赖于直接的观测。这些观测应该是在自然条件下进行长期的，且最好是周密计划的、连续的、系统而多层次的、有区域代表性的海洋考察。直接观测的资料既为实验研究和数学研究的模式提供可靠的借鉴，也可对实验和数学方法研究的结果予以验证。事实上，使用先进的研究船、测试仪器和技术设施所进行的直接观测，的确推动了海洋科学的发展。特别是 20 世纪 60 年代以来，几乎所有的重大进展都与此密切相关。

其次，信息论、控制论、系统论等方法，在海洋科学研究中越来越显示其作用。这是因为实施直接的海洋观测既艰苦危险，又耗资费时，且获取的信息再多，若相对于海洋整体和全局而言仍属局部和片断，据此而直接研究海洋现象、过程与动态，显然是远远不够的。借助于信息论、控制论、系统论的观点和方法，对已有的资料信息进行加工，通过系统功能模拟模型进行研究则是可取的，事实上也取得了较好的结果。

第三，学科分支细化与相互交叉、渗透并重，而综合与整体化研究的趋势日趋明显。海洋科学在其发展过程中，学科分支越来越细，各分支学科之间相互交叉渗透，彼此依存和相互促进。因而，着眼于整体，从相互耦合与相互联系中去揭示整个系统的特征与规律的观点与方法论日趋兴盛发展。现代海洋科学研究及海洋科学理论体系的整体化已是大势所趋，并被普遍认同。

2. 海洋科学的分支

海洋科学体系既有基础性科学研究，也有应用与技术研究，还包括管理与开发的研究。属于基础性科学的分支学科体系的提法不尽相同,如有的认为应包括物理海洋学、化学海洋学、生物海洋学、海洋地质学、环境海洋学、海气相互作用以及区域海洋学等。应用与技术研究的分支有卫星海洋学、渔场海洋学、军事海洋学、航海海洋学、海洋声学、光学与遥感探测技术、海洋生物技术、海洋环境预报以及工程环境海洋学等。管理、开发研究方面的分支有海洋资源、海洋环境功能区划、海洋法学、海洋监测与环境评价、海洋污染治理、海域管理等。

第二节 世界海洋科学发展史

依现今较通行的观点,世界海洋科学发展史可分为三大阶段。

一、海洋知识的积累与早期的观测、研究(18 世纪以前)

古代人类在生产活动中不断积累了有关海洋的知识,也得出了不少出色的见解。公元前 7—前 6 世纪,古希腊的泰勒斯认为大地是浮在茫茫大海之中。公元前 4 世纪,古希腊的亚里士多德在《动物志》中已描述和记载了爱琴海的 170 余种动物。当然,对海洋更多的了解还是从 15 世纪资本主义兴起之后。在西方人称为地理大发现时代的 15—16 世纪,意大利人哥伦布于 1492—1504 年 4 次横渡大西洋到达美洲;葡萄牙人达·伽马于 1498 年从大西洋绕过好望角经印度洋到印度;1519—1522 年,葡萄牙人麦哲伦完成了人类第一次环球航行。此后,1768—1779 年,英国人库克 3 次进行海洋探险,首先完成了环南极航行,并最早进行了科学考察,获取了第一批关于大洋深度、表层水温、海流及珊瑚礁等资料。

这一时期的许多科技成就,有的直接推动了航海探险,有的则为海洋科学分支奠定了基础,前者如:1567 年鲍恩发明的计程仪,1569 年墨卡托发明绘制地图的圆柱投影法,1579 年哈里森制成当时最精确的航海天文钟,1600 年吉伯特发明的测定船位纬度的磁倾针等;后者如:1673 年英国人玻意耳发表了他研究海水浓度的著名论文,1674 年荷兰人列文虎克在荷兰海域最先发现海洋原生动物,1687 年英国人牛顿用引力定律解释潮汐,1740 年瑞士人贝努利提出平衡潮学说,1770 年美国人富兰克林发表湾流图,1772 年法国人拉瓦锡首先测定海水成分,1775 年法国人拉普拉斯首创大洋潮汐动力理论等。

二、海洋科学的奠基与形成(19—20 世纪中叶)

这一时期的特点,既表现在海洋探险逐渐转向为对海洋的综合考察,而更重要的标志是海洋研究的深化、成果的众多和理论体系的形成。

在海洋调查方面,著名的有达尔文随"贝格尔"号1831—1836年的环球探险;英国人罗斯1839—1843年的环南极探险;特别是英国"挑战者"号1872—1876年的环球航行考察,被认为是现代海洋学研究的真正开始。"挑战者"号在三大洋和南极海域的几百个站位,进行了多学科综合性的观测,后继研究又获得了大量的成果,从而使海洋学得以由传统的地理学领域中分化出来,逐渐成为独立的学科。这次考察的巨大成就,又激起了世界性的海洋调查研究热潮。在各国竞相进行的调查中,德国"流星"号1925—1927年的南大西洋调查,因计划周密、仪器新颖、成果丰硕而备受重视。"流星"号的成就,又引发挪威、荷兰、英国、美国、苏联等国家先后进行环球航行探险调查。这些大规模的海洋调查,不仅积累了大量的资料,而且也观测到许多新的海洋现象,还为观测方法本身的革新准备了条件。

在海洋研究方面,重要成果很多。英国人福布斯在19世纪40—50年代出版了《海产生物分布图》和《欧洲海的自然史》,美国人莫里1855年出版了《海洋自然地理学》,英国人达尔文1859年出版了《物种起源》,它们分别被誉为海洋生态学、近代海洋学和进化论的经典著作。在海洋化学方面,迪特玛1884年证实了海水主要溶解成分的恒比关系。在海流研究方面,1903年桑德斯特朗和海兰汉森提出了深海海流的动力计算方法,1905年埃克曼提出了漂流理论。海洋地质学方面,默里于1891年出版了《深海沉积》一书。特别是斯韦尔德鲁普、约翰逊和福莱明合著的《海洋》一书,对此前的海洋科学的发展和研究给出了全面、系统而深入的总结,被誉为海洋科学建立的标志。

专职研究人员增多和专门研究机构的建立,也是海洋科学独立形成的重要标志。1925年和1930年,美国先后建立了斯克里普斯和伍兹霍尔两个海洋研究所,1946年苏联科学院海洋研究所成立,1949年英国成立国立海洋研究所等,就是典型的例子。

三、现代海洋科学时期(20世纪中叶至今)

第二次世界大战对海洋科学有很大的影响,一方面是"军用"学科迅速发展,另一方面,也延缓了"非军用"学科的发展,战后海洋科学又得以恢复和迅速发展,遂进入现代海洋科学的新时期。

虽然早在1902年就成立了第一个国际海洋科学组织——国际海洋考察理事会(ICES),但大多数组织,包括政府间组织和民间组织,则成立于第二次世界大战之后。政府间组织以1951年建立的世界气象组织(WMO)和1960年成立的政府间海洋学委员会(简称海委会,IOC,隶属于联合国教科文组织)为代表。民间组织如国际物理海洋学协会(IAPO)于1967年改为国际海洋物理科学协会(IAPSO),1957年成立海洋研究科学委员会(SCOR),1966年建立国际生物海洋学协会(IABO),国际地质科学联合会(IUGS)下设海洋地质学委员会(CMG)等。

这一时期,海洋国际合作调查研究更大规模地展开,如国际地球物理年(IGY,1957—1958)、国际印度洋考察(IIOE,1957—1965)、国际海洋考察 10 年(IDOE,1971—1980,包括 6 个分计划 31 项活动)、热带大西洋国际合作调查(ICITA,1963—1964)、黑潮及邻近水域合作研究(CSK,1965—1977)、全球大气研究计划(GARP,1977—1979,第 1 次全球试验 FGGE 及 4 个副计划)、世界气候研究计划(WCRP,1980—1983,包括 4 个子计划)、深海钻探计划(DSDP,1968—1983)。在 1980 年以后,有关机构又提出了多项为期 10 年的海洋考察研究计划,如世界大洋环流试验(WOCE)、大洋钻探计划(ODP)、全球海洋通量研究(JGOFS)、热带大洋及其与全球大气的相互作用(TOGA)及其组成部分热带海洋全球大气耦合响应试验(TOGA-COARE)。1993 年决定实施的气候变率和可预报性研究计划(CLIVAR),为期 15 年,而 1994 年 11 月正式生效的《联合国海洋法公约》,则涉及全球海洋的所有方面和问题。

这期间,各国政府对海洋科学研究的投资大幅度地增加,研究船的数量成倍增长。20 世纪 60 年代以后,专门设计的海洋研究船性能更好,设备更先进,计算机、微电子、声学、光学及遥感技术广泛地应用于海洋调查和研究中,如盐度(电导)－温度－深度仪(CTD)、声学多普勒流速剖面仪(ADCP)、锚泊海洋浮标、气象卫星、海洋卫星、地层剖面仪、侧扫声呐、潜水器、水下实验室、水下机器人、海底深钻和立体取样的立体观测系统等。

短短几十年的研究成果早已超出历史的总和,重要的突破屡见不鲜。板块构造学说被誉为地质学的一次革命。海底热泉的发现,使海洋生物学和海洋地球化学获得新的启示。海洋中尺度涡旋和热盐细微结构的发现与研究,促进了物理海洋学的新进展。大洋环流理论、海浪谱理论、海洋生态系、热带大洋和全球大气变化等领域的研究都获得突出的进展与成果。科研论著面世,令人目不暇接,特别是一些多卷集系列著作,如 M. N. 海尔主编的《海洋》、А. С. 莫宁主编的《海洋学》等,堪称代表性著作。

四、海洋科学的未来

当今世界,人口激增,耕地锐减,陆地资源几近枯竭,环境状况渐趋恶化。众多有识之士预见到这些危机,并把目光再次投向海洋。一些国家相继制订了 21 世纪的海洋发展战略,许多知名的科学家、政治家,异口同声地称 21 世纪为"海洋科学的新世纪"。联合国及有关国际组织也更加关注海洋事务。仅从 1994 年算起,就有《联合国海洋法公约》生效,成立国际海底管理局,建立国际海洋法庭,召开"海洋和海岸带可持续利用大会"、"保护海洋环境国际会议"和"世界海洋和平大会",并把 1998 年定为"国际海洋年"等大事。何以如此?盖因全世界面临的人口、资源、环境三大问题,几乎都可以从海洋中寻求出路。如何将上述可能变为现实?海洋科学则是架设在它们之间的桥梁。海洋科学在历经古代、近代和现代的发展之后,必将迎来一个更为辉煌的新时代。

第三节　中国海洋科学发展史

一、历史的贡献

在人类早期认识海洋的历史中,中国人民做出了巨大的贡献。公元前4世纪,中国先民已能在所有邻海上航行。早在2000多年以前,中国已发明指南针,且至少在1500年以前就用于航海,从而使人们更能远离海岸涉足重洋。至汉朝,中国不仅陆路通西域,海路也通达日本、印度尼西亚、斯里兰卡和印度,甚至远达罗马帝国。公元1405—1433年,郑和先后率船队七下"西洋",渡南海至爪哇,越印度洋到马达加斯加,堪为人类航海史中的空前壮举。12世纪,中国的指南针经阿拉伯传入欧洲,又促进了欧洲的远洋航行探险。

关于海洋知识,早在公元前11世纪—公元前6世纪的《诗经》中,已记载"朝宗于海",公元前2世纪—公元前1世纪,《尔雅》中记有海洋动物和海藻。公元1世纪,王充已明确指出潮汐与月相的相关性。8世纪,窦叔蒙的《海涛志》进一步论述了潮汐的日、月、年变化周期,建立了现知世界上最早的潮汐推算图解表。11世纪,燕肃在《海潮论》中分析了潮汐与日、月的关系,潮汐的月变化以及钱塘江涌潮的地理因素。在宋代,已开始养殖珍珠贝。《郑和航海图》中不仅绘有中外岛屿846个,而且分出11种地貌类型。1596年,屠本峻撰成区域性海产动物志《闽中海错疏》。蜿蜒于我国东部和东南沿海的海塘,工程雄伟,堪与长城、大运河相比,而海洋科学知识,则是其根基和后盾。

二、艰难的历程

当西方进入海洋科学形成阶段时,中国封建社会的闭关锁国,严重阻碍了海洋科学的发展。鸦片战争之后,国家陷入半殖民地状态,海洋科学处境更为艰难,发展甚为缓慢。进入20世纪之后,才陆续有中国地学会、中国科学社成立,开始宣传海洋科学知识、开展一些海洋研究。1922年,海军部设立了海道测量局,开始进行海道测绘。1928年青岛观象台设立海洋科。1931年成立中华海产生物学会,1935年成立太平洋科学协会海洋学组中国分会,同年6—10月,中央研究院动植物研究所组织了首次青岛至秦皇岛沿线的调查。之后,由于日本侵华,战乱迭起,研究工作大都停顿,只有马廷英、唐世凤等在福建组织了一次海洋考察。抗战胜利后的1946年,山东大学、厦门大学和台湾大学分别创立了海洋研究所,厦门大学还建立了海洋学系。

三、美好的前景

新中国成立后不到一年,1950年8月就在青岛设立了中国科学院海洋生物研究室,1959年扩建为海洋研究所。1952年厦门大学海洋系理化部北迁青岛,与山东大学海洋研究所合并成立了山东大学海洋系。1959年在青岛建立山东海洋学院,1988年更名为青岛海洋大学。1964年建立了国家海洋局。此后,特别是80年代以来,又陆续建立了一大批海洋科学研究机构,分别隶属于中国科学院、教育部、海洋局等,业已形成了强有力的科研技术队伍。目前国内主要研究方向有:海洋科学基础理论和应用研究,海洋资源调查、勘探和开发技术研究,海洋仪器设备研制和技术开发研究,海洋工程技术研究,海洋环境科学研究与服务,海水养殖与渔业研究等。在物理海洋学、海洋地质学、海洋生物学、海洋化学、海洋工程、海洋环境保护及预报、海洋调查、海洋遥感与卫星海洋学等方面,都取得了巨大的进步,不仅缩短了与发达国家的差距,而且在某些方面已跻身于世界先进之列。

回顾历史,在"挑战者"号环球调查80多年之后,中国于1958—1960年才进行了近海较大规模的综合调查,1976年第一次赴太平洋中部调查,则落后了整整100年。然而,此后两年,中国就参加了全球大气研究计划中的中太平洋西部调查。之后则有:1984年首次派出南极考察队且以后每年派出;1985年2月建成南极长城站;1986年加入南极条约组织,次年成为南极研究科学委员会(SCAR)的正式成员国之一;1989年建成南极中山站;1990年联合国决定在中国建立世界海洋资料中心;1991年2月,联合国国际海底管理局批准中国申请太平洋国际海底矿区$15×10^4 km^2$;1991年11月,中国首次参加世界大洋环流实验调查;1992年11月—1993年3月参加"TOGA-COARE"的西太平洋强化观测;1992年完成了历时7年的中日黑潮合作调查研究;1994年10月在天津正式成立国际海洋学院中国业务中心;1995年又开始了中日副热带环流合作调查研究;1995年5月中国首次远征北极科学考察队到达北极点;1996年11月,世界海洋和平大会在北京召开,通过了《北京海洋宣言》。

依《联合国海洋法公约》与《中华人民共和国领海和毗连区法》等,属中国管辖的海域面积相当于陆地国土面积的1/3。捍卫国家主权,维护海洋权益,是国人的神圣义务。发展海洋科学技术,繁荣海洋经济,促进国民经济的持续、快速和健康发展,更是海洋科技工作者的天职。1994年批准的《中国21世纪议程》,对海洋领域给予高度重视,其后制定的《中国海洋21世纪议程》,则更全面地阐述了我国海洋未来可持续发展的战略目标和行动计划。继"七五"、"八五"之后,在"九五"、"十五"、"十一五"、"十二五"的国家科技攻关计划中,也列入了海洋高技术研发的项目和专题。特别是党的十八大报告提出要"提高海洋资源开发能力,发展海洋经济,保护海洋生态环境,坚决维护国家海洋权益,建设海洋强国"的方针更是激动人心。国家委以重任,人民寄以热望,任重而道远,中国的海洋科学事业前程似锦。

思 考 题

1. 如何理解地球科学是一个复杂的科学体系?
2. 海洋科学的研究对象和特点是什么?
3. 海洋科学研究有哪些特点?
4. 回顾海洋科学发展历史,你能够得到哪些启示?
5. 中国海洋科学发展的前景如何?

第二章 地球系统与海洋科学

第一节 地球概况

一 地球的宇宙环境

宇宙是空间、时间无限的物质世界，目前人类观测到的宇宙范围称为总星系，半径约100亿光年。总星系中约有10亿个星系，星系有大有小，小者有几万颗恒星，大者有上千亿颗恒星，太阳所在的星系称为银河系。

宇宙是由各种形态的天体和电磁波等物质组成的，天体常常聚集成一个个天体群或集团，通称为天体系统。天体系统有不同的级别，如地球与绕之运转的月球、小行星、人造卫星等组成较低级的地—月系统，太阳与绕之运转的地球及其他行星则组成较高一级的太阳系。

太阳是一颗普通的恒星，是太阳系内唯一发光发热的最大质量天体，其质量占太阳系总质量的99.8%，对地球和整个太阳系都有着极大影响。行星是环绕恒星运转而本身不发光的天体。太阳吸引着八大行星(按与太阳的距离，依次为水星、金星、地球、火星、木星、土星、天王星、海王星)、50颗卫星、2000多颗小行星以及600多颗彗星绕其运行(图2-1)。

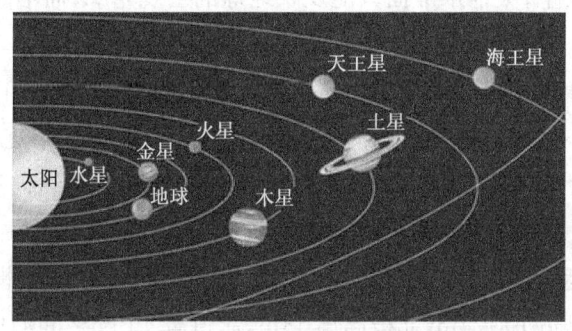

图 2-1 太阳系(行星轨道位置按比例表示)

八大行星体积大小相差悬殊,最大的木星比最小的水星大73500倍;与地球相比,水星体积相当于地球的0.056,木星则为1313.5。按特征可把八大行星分为两类:离太阳较近的水星、金星、地球和火星物理性质与地球相似,称为"类地行星",它们体积较小、密度较大、卫星较少,表层为固体、重元素较多;离太阳较远的木星、土星、天王星和海王星的物理特征近似木星,称为"类木行星",它们体积大、密度小、卫星较多,无固体表面,轻元素(特别是气体元素)较多。太阳系直径为118×10^8 km,太阳发出的光需要5.5小时才能穿出太阳系。

月球是地球唯一的天然卫星,其半径为1738km,质量为7.35×10^{22} kg,平均密度3.34×10^3 kg/m^3,分别相当于地球的27.1‰、1.2‰、60.6%,距地球38.44×10^4 km。月球上没有水,大气也极稀薄,还不到地球海平面大气密度的10^{-12},因此没有生物,也没有风、云、雨、雪等天气现象。在太阳系中,像月球如此之大的卫星是绝无仅有的。地月系的中心天体是地球,地球运动受月球多方面的影响,地球上的天文地理现象,如日、月食和潮汐也主要与月球有关。

在无限的宇宙空间中,地球只不过是沧海一粟,它处在永不息止的运动中。地球的运动有多种形式,其中最显著的是自转和公转。地球绕着通过地心轴的旋转称为自转,地球自转会产生一系列后果。其中最显著的是天体的视周日运动,其次是与运动相关的一种惯性力,称为地转偏向力或科氏力。一般认为地球公转就是地球环绕太阳的运动,事实上,地球公转既是地球和太阳环绕日地共同质心的运动,也是地球和月球环绕地月共同质心的运动。地球上的潮汐主要是在月球和地球的相互公转过程中发生的,没有公转也就无所谓潮汐现象。

二、地球的形状

地球的形状一般是指全球静止海面的形状,即一个等位势面的形状。全球静止海面是既不考虑地表海陆差异,也不考虑陆、海地势起伏时的海面。它在海洋中是不考虑波浪、潮汐和海流的存在,海水完全静止时的海面;它在大陆上是静止海面向大陆之下延伸的假想"海面"。两者总称大地水准面,是陆上高程的起算面。理想的地球形状就是大地水准面的形状。事实上,大地水准面只能反映地球的宏观轮廓,而不能反映地表起伏的细微变化。

假定地球是静止的且组成地球的物质密度是均匀的,由于地心引力作用,其形状应该是正球体。但地球不停地沿地轴自西向东自转,由此产生的惯性离心力将使地球沿赤道面向外膨胀、沿地轴向内收缩;又由于地球内部物质密度(不论纵向还是横向)的不均匀性,结果使地球呈现为不规则的旋转椭球体。

根据人造卫星运行轨道分析测算的结果,地球是一个梨形的球体(图2-2)。与标准椭球体相比,南极大陆凹进24m,北极高出14m,赤道至45°N之间向内凹进,赤道至60°S间向外凸出(图2-2)。第16届国际大地测量和地球物理协会根据人造地球卫星的测量资料修订了地球形状的参数(表 2-1),并推荐由这组参数表示的旋转椭球体作为大地测量的参考面。

表 2-1 表示地球形状的主要参数

赤道半径	a	6378.104km	赤道周长	$2\pi a$	40075.036km
两极半径	c	6356.755km	子午线周长	$2\pi c$	39940.670km
平均半径	$R=(a^2c)^{1/3}$	6371.004km	表面积	$4\pi R^2$	510064471.9km^2
扁率	$\dfrac{a-c}{a}$	0.0033528	体积	$\dfrac{4}{3}\pi R^3$	10832.069×10^{8}km^3

精确的地球形状和大小,对于大地测量、人造卫星和远程火箭的运行十分重要。然而,地球的平均半径 6371km,扁率却只有 3.35×10^{-3},其形状与球体极为接近,因此在海洋研究中一般把地球看作正球体。

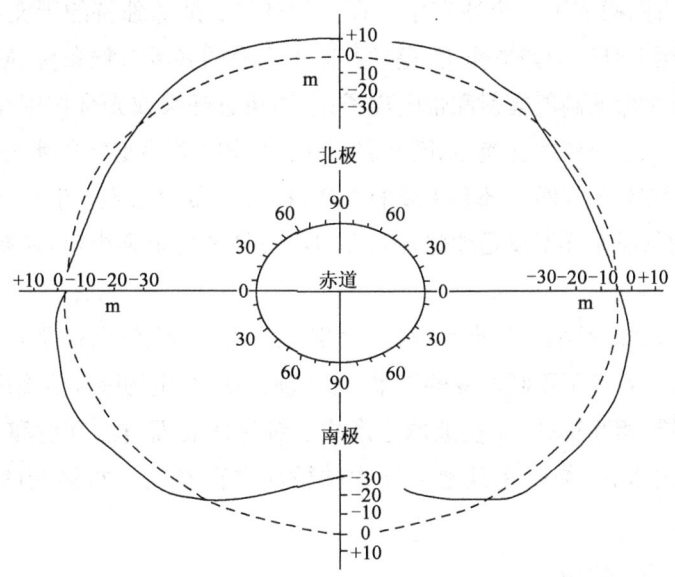

图 2-2 地球真实形状(实线)与理想的椭球体(虚线)

三、地球的圈层结构

地球是一个具有同心圈层结构的非均质体,以地球固体表面为界分为内圈和外圈,内圈和外圈又可再分为几个圈层,每个圈层都有自己的物质运动特征和物理化学性质。

1. 地球外部圈层

地球固体表面以上,根据物质性状可以分为大气圈、水圈和生物圈。

大气圈是包围着地球的气体层,厚度有几万千米,总质量约 5136×10^8 t。由于受地心的引力,以地球表面的大气最稠密(约有 3/4 集中在地面到 100km 高度范围内,1/2 集中在地面至 10km 高度范围内),向外逐渐稀薄,过渡为宇宙气体,因此大气圈无明确的上界。大气有明显的可压缩性,其密度和压力与温度成反比,并与高度成反比，以海平面的密度和压力最大。根据温度和密度等大气物理特征，可将大气圈自下而上分为对流层、平流层、中间层、热成层和外逸层，其中与人类关系最密切的是对流层和平流层。

水圈是地球表层的水体，占地球总质量的0.024%，绝大部分汇集在海洋里（占总水量的97%），其余分布在陆上河流、湖沼和表层岩石的孔隙中。此外，地球上的水还以固态水（两极和山地的冰川）或水汽的形式存在，其中冰川约占总水量的2%。陆上江河湖沼的水或直接，或通过水汽、地下水与海洋相通。所以地球上的水体构成了包围地球的完整圈层——水圈。水圈既独立存在，又渗透于大气圈、岩石圈和生物圈中，并在其间不断循环。水循环是地球外部圈层物质循环最重要的方式之一。

生物圈是地球上生物（包括动物、植物和微生物）生存和活动的范围。现代地球的大气圈、水圈和岩石圈构成了一个适宜生命存在的环境。地球独特的天文条件，加上大气圈、水圈和生物圈本身等的调节作用，提供了适于生命的各种气候条件；磁层和大气层阻挡或吸收有害于生命的高能辐射和带电离子；生物通过呼吸或光合作用在大气中进行着必不可少的氧与二氧化碳的交换；水圈和岩石圈为生物提供着必需的水分和矿物养料等。这样，在岩石圈上部、大气圈下部和水圈的全部，都有生命的踪迹。生物所导致的或以生物活动为中心的物质循环不仅是地球各圈层间物质循环的重要内容，还是各圈层相互联系的重要纽带。

在太阳系中，地球是唯一具有水圈和生物圈的行星，其大气圈也是独特的，这是地球在得天独厚的天文条件下不断演变的结果。大气圈、水圈、生物圈和岩石圈在地表附近相互渗透、相互交错、相互重叠，又使地球上形成了独特的表面自然环境和表层物质结构。在地球表层，通过水、生物以及其他各种物质循环进行着彼此间复杂的能量和物质的交换。

2. 地球内部圈层结构

地球物理学家对天然地震波传播方向和速度的研究证明，地球内部物质呈同心层圈结构。在各圈层间都存在着地震波速度变化明显的界面（或称不连续面），其中最重要的界面有莫霍面（M面）和古登堡面（G面），它们把地球内部分为地壳、地幔和地核三大圈层。地幔又分为上地幔和下地幔，地核又分为外核和内核（图2-3）。根据地震波横波速度的变化，地球上部进一步划分出软流圈和岩石圈。

地壳是指M面以上的岩石物质层，其厚度变化很大，从距洋底不足5km直至大陆造山带70km以上，平均约15km。地壳是一个不均匀的圈层，根据其结构、物质组成和厚度的差异，可以分为大陆性和海洋性地壳两大类。大陆性地壳较厚，平均厚33km，为双层结构：上地壳一般称为"硅铝层"，因物质组成与花岗岩相当，过去曾称为"花岗岩质层"；下地壳通常称为"硅镁层"，因物质成分与玄武岩相当，习惯上称为"玄武岩质层"。海洋性地壳很薄，平均厚度约6km，具有三层结构：上部为沉积层，主要由松散至半固结的沉积物组成;中间为基底层或火山岩层,是以玄武岩为主、上部夹有固结沉积岩的混合层;下部为大洋层,很可能是以辉长岩、闪长岩为主,近 M 面处由含蛇纹石化橄榄岩组成,它是海洋性地壳的主体。目前人类开发的石油和天然气主要储存于地壳中。

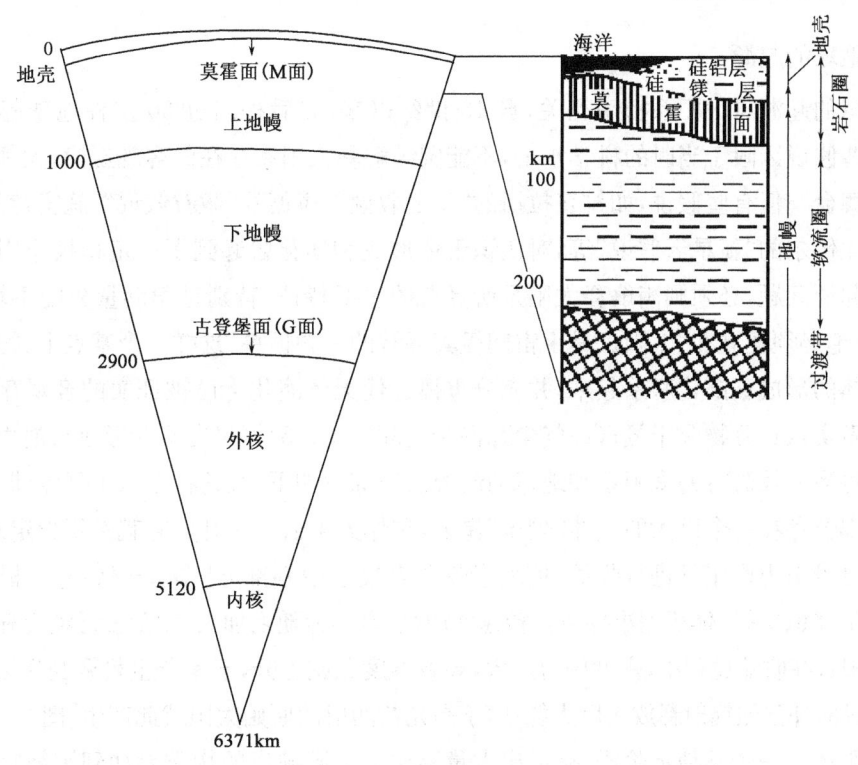

图 2-3 地球内部圈层结构

地幔位于地壳之下,界于 M 面与 G 面之间,厚度约 2800km,质量和体积分别占地球的 67.6% 和 83%,由铁、镁、硅酸盐等物质组成,与辉石橄榄岩相当。

地核以 G 面与地幔分界,其成分可能相当于铁陨石,主要是铁,并含 5%～20% 的镍和少量硅、氧。根据地震波的传播,将其分为液态外核和固态内核,其间有厚约 500km 的过渡层。

岩石圈本来是相对于大气圈、水圈和生物圈而言的,但现在广泛应用的"岩石圈"是随着"低速层"(或软流圈)的发现而确定的一个十分具体的圈层。

根据对地震波在上地幔传播情况的研究,发现在 60～250km 深度间地震波速度明显降低,特别是横波衰减 90% 以上,说明上地幔存在着速度比上、下层都小的低速层。造成低速层的原因很可能是在此深度上的物质发生部分熔融所致。该层在力学性质上呈软化的塑性状态,在缓慢而长期的作用力下会发生塑性变形和缓慢流动。因此,低速层也称为软流圈。

岩石圈是指软流圈之上的刚性固体物质层,包括地壳和上地幔顶部的刚性岩层,地壳与地幔间的 M 面夹在岩石圈内部。由于岩石圈和软流圈的过渡带上未出现化学成分的变化,因此岩石圈主要是力学概念,具有力学上的统一性和实在性,它可以对机械应力做出刚性反应。

四、地球的起源

1. 地球的起源

地球的起源与太阳系密切相关,自 18 世纪以来,先后提出过 30 多种地球起源的假说。有些假说因限于当时的科学水平,不能圆满解释太阳系存在的客观规律,大都相继退出历史舞台。但有些假说,如拉普拉斯的"星云假说"、康德的"微粒假说"、施密特的"俘获假说"、霍伊尔的"新星云假说"等,对认识天体形成和演化曾起到了一定积极作用。要解决地球起源问题,必须圆满解释太阳系所具有的主要特征,特别是角动量分配不均问题。同时,立论必须建立在"太阳仅是宇宙间极其寻常的一颗恒星"这样一个基点上,把地球与整个天体的形成和演化联系起来,并充分重视近代天体演化上已被证实的客观存在的几个基本事实:(1)万物源于氢;(2)气尘弥漫于星际空间;(3)恒星在不断形成与消亡之中。

现将当前较流行的太阳系和地球的起源假说综述如下:大约在五六十亿年前,在银河系所在部位存在一个巨大的气体"尘埃"星云,称作太阳云。一开始它就在不稳定地自转,同时在自身引力作用下进行收缩,使大量物质聚集到中心部分[图 2-4(a)]。根据旋转体角动量守恒定律,体积缩小导致自转速度加快,离心力随之加大,太阳云逐渐变扁成圆盘状。太阳云在收缩过程中,密度压力加大,导致温度急剧上升,于是产生氢聚变为氦的核反应。通过向外强烈辐射释放出巨大能量,于是光芒四射的原始太阳就此产生[图 2-4(b)]。原始太阳经过一个不稳定阶段,抛射出大量物质。太阳抛出的物质参加到围绕它旋转的圆盘中去。在围绕太阳旋转的盘状星云赤道面上,尘埃物质作为气体凝聚的核集结成一个个大小团块,并沿赤道下沉,形成一圈圈有规律间隔的尘环。环内物质在不均匀引力作用下,大质点吸引小质点,逐渐聚结成为行星胚胎[图 2-4(c)],最终形成行星。

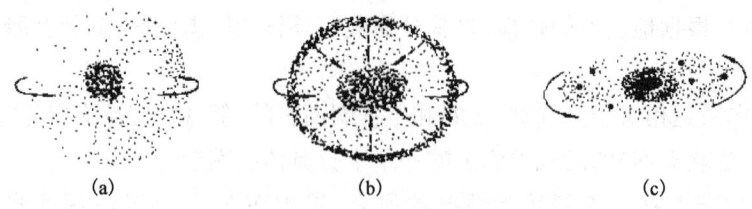

图 2-4　太阳系的形成示意图

2. 地球的演化

原始地球接近于均质体,以后由于内部热作用,导致物质运动并发生重者下沉、轻者上浮的分异作用,于是形成地核、地幔和地壳,从而具有圈层结构。广泛的火山活动和巨大陨石冲击时释放的气体,形成了原始大气圈,其中的水汽冷凝而形成水圈。最后,在有碳、氧、氢和氮化合物存在的情况下,通过闪电放电或紫外线辐射,或两者兼有的作用,产生日益复杂的有机分子,它们再进一步结合为能够自身繁殖的有机分子,最后形成生物圈。

地球外部出现大气、水、生物三个圈层之后,在地球内力和外力作用下,地球外部与内部圈层,通过物质和能量的交换相互作用、相互影响,地球内外都发生了剧烈而复杂的运动变化,尤以地球表面表现得最突出:大陆有分合、海洋有生灭、山川有升降、生物有演进。

地球自形成以来大约经历了45亿—46亿年的历史。计算地球年龄的方法有绝对地质年龄和相对地质年代两种。前者是根据岩石中存在的微量放射性元素蜕变规律测定出岩石生成的绝对年龄;后者是根据生物的发展和岩层形成顺序,将地壳历史划分为与生物发展相对应的一些自然段,每一自然段所代表的时间称为地质时代单位,最大的时代单位称作宙,宙分为代、代分为纪、每个纪又可分为若干世。

第二节 海 与 洋

一、地表海陆分布

地球表面总面积约为 $5.1\times10^8\,km^2$,分属于陆地和海洋。如以大地水准面为基准,陆地面积为 $1.49\times10^8\,km^2$,占地表总面积的 29.2%;海洋面积为 $3.61\times10^8\,km^2$,占地表总面积的70.8%。海陆面积之比为 2.5∶1,可见地表大部分为海水所覆盖。

地球上的海洋是相互连通的,构成统一的世界海洋;而陆地是相互分离的,因此没有统一的世界大陆。在地球表面,是海洋包围、分割所有的陆地,而不是陆地分割海洋。

地表海陆分布极不均衡。在北半球,陆地占其总面积的 67.5%,在南半球,陆地占总面积的 32.5%。北半球海洋和陆地的所占比例分别为 60.7% 和 39.3%,南半球海陆比例分别是 80.9% 和 19.1%。如果以经度0°、北纬38°的点和经度180°、南纬47°的点为两极,把地球分为两个半球,海陆面积的对比达到最大程度,两者分别称"陆半球"和"水半球"(图 2-5)。

陆半球的中心位于西班牙东南沿海,陆地约占 47%,海洋约占 53%;这个半球集中了全球陆地的 81%,是陆地在一个半球内的最大集中。水半球的中心位于新西兰的东北沿海,海洋占 89%,陆地占 11%;这个半球集中了全球海洋的 63%,是海洋在一个半球的最大集中。这就是它们分别称为陆半球和水半球的原因。必须说明,即使在陆半球,海洋面积仍然大于陆地面积。陆半球的特点,不在于它的陆地面积大于海洋面积(没有一个半球是这样),而在于它的陆地面积超过任何一个半球面积;水半球的特点,也不在于它的海洋面积大于陆地面积(任何一个半球都是如此),而在于它的海洋面积比任何一个半球面积都大。

地球表面是崎岖不平的,我们可以用海陆起伏曲线(图 2-6)表示陆地各高度带和海洋各深度带在地表的分布面积和所占比例。地球上的海洋,不仅面积超过陆地,而且它的深度也超过了陆地的高度。深度大于3000m的海洋约占海洋总面积的75%;而高度不足1000m的陆地占其总面积的71%。海洋的平均深度达3795m,而陆地的平均高度却只有875m,两者形成强烈对比(4.26∶1)。如果将高低起伏的地表削平,则地球表面将被约2646m厚的海水均匀覆盖。

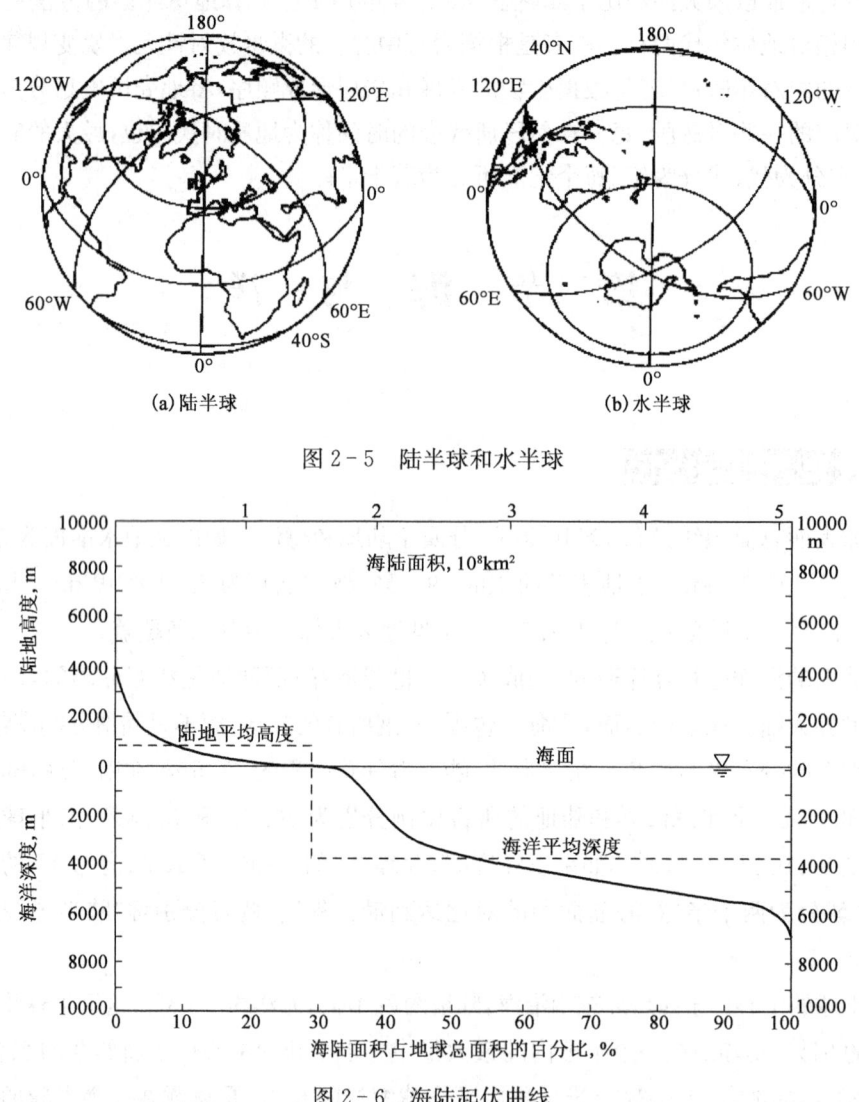

图2-5 陆半球和水半球

图2-6 海陆起伏曲线

二、海洋的划分

地球上互相连通的广阔水域构成统一的世界海洋。根据海洋要素特点及形态特征,可将其分为主要部分和附属部分,主要部分为洋,附属部分为海、海湾和海峡。洋或称大洋,是海洋的主体部分,一般远离大陆,面积广阔,约占海洋总面积的90.3%;深度大,一般大于2000m；海洋要素如盐度、温度等不受大陆影响，盐度平均为3.5%，且年变化小；具有独立的潮汐系统和强大的洋流系统。

世界大洋通常被分为四大部分，即太平洋、大西洋、印度洋和北冰洋(图2-7)，各大洋的面积、容积和深度见表2-2。

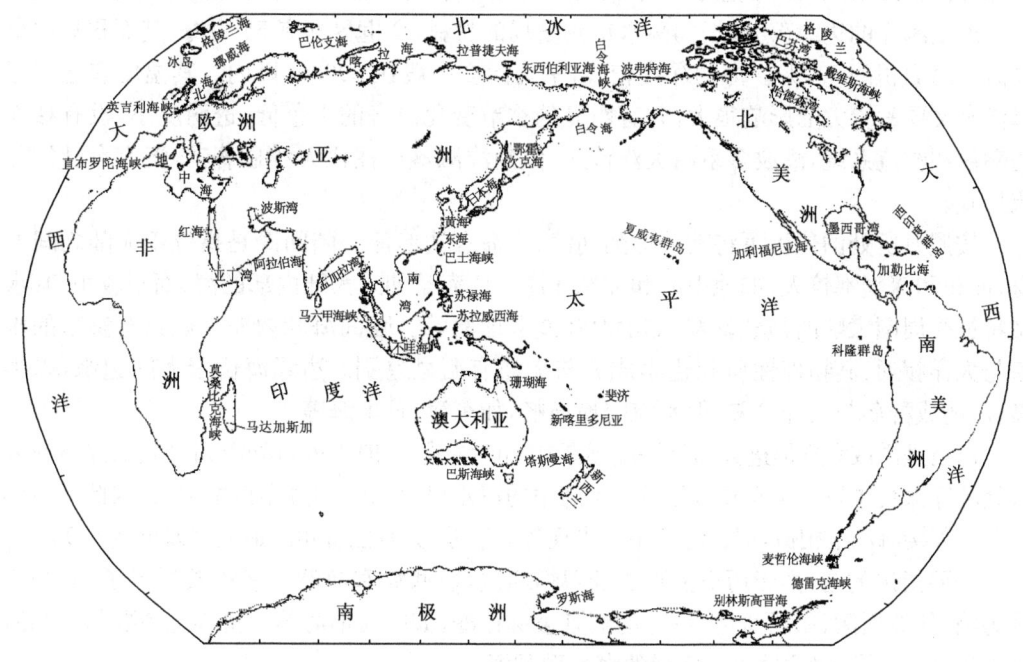

图2-7　全球海陆分布及海洋的划分

表2-2　世界各大洋的面积、容积和深度

名称	包括附属海					不包括附属海					
	面积及占比		容积及占比		深度,m		面积及占比		容积及占比		深度,m	
	$10^6 km^2$	%	$10^6 km^3$	%	平均	最大	$10^6 km^2$	%	$10^6 km^3$	%	平均	最大
太平洋	179.679	49.8	723.699	52.8	4028	11034	165.246	45.8	707.555	51.6	4282	11034
大西洋	93.363	25.9	337.699	24.6	3627	9218	82.422	22.8	323.613	23.6	3925	9218
印度洋	74.917	20.7	291.945	21.3	3897	7450	73.443	20.3	291.030	21.3	3963	7450
北冰洋	13.100	3.6	16.980	1.3	1296	5449	5.030	1.4	10.970	0.8	2179	5449
世界海洋	467.059	100	1476.323	100	3795	11034	432.141	90.3	1439.168	97.3	3795	11034

太平洋是面积最大、最深的大洋，其北侧以白令海峡与北冰洋相接；东边以通过南美洲最南端合恩角的经线(68°W)与大西洋分界；西以经过塔斯马尼亚岛的经线(146°51E)与印度洋分界。印度洋与大西洋的界线是经过非洲南端厄加勒斯角的经线(20°E)。大西洋与北冰洋的界线是从斯堪的纳维亚半岛的诺尔辰角经冰岛、过丹麦海峡至格陵兰岛南端的连线。北冰洋大致以北极为中心，被亚欧和北美洲所环抱，是世界最小、最浅、最寒冷的大洋。

太平洋、大西洋和印度洋靠近南极洲的那一片水域，在海洋学上具有特殊意义。它具有自成体系的环流系统和独特的水团结构,既是世界大洋底层水团的主要形成区,又对大洋环流起着重要作用。因此,从海洋学(而不是从地理学)的角度,一般把三大洋在南极洲附近连成一片的水域称为南大洋或南极海域。

联合国教科文组织下属的政府间海洋学委员会在1970年的会议上,将南大洋定义为"从南极大陆到南纬40°为止的海域,或从南极大陆起,到亚热带辐合线明显时的连续海域。"

海是海洋的边缘部分,据国际水道测量局的材料,全世界共有54个海,其面积只占世界海洋总面积的9.7%。海的深度较浅,平均深度一般在2000m以内。其温度和盐度等海洋水文要素受大陆影响很大,并有明显的季节变化。海的水色低,透明度小,没有独立的潮汐和洋流系统,潮波多系由大洋传入,但潮汐涨落往往比大洋显著,海流有自己的环流形式。

按照海所处的位置可将其分为陆间海、内海和边缘海。陆间海是指位于大陆之间的海,面积和深度都较大,如地中海和加勒比海。内海是伸入大陆内部的海,面积较小,其水文特征受周围大陆的强烈影响,如渤海和波罗的海等。陆间海和内海一般只有狭窄的水道与大洋相通,其物理性质和化学成分与大洋有明显差别。边缘海位于大陆边缘,以半岛、岛屿或群岛与大洋分隔,但水流交换通畅,如东海、日本海等。

海湾是洋或海延伸进大陆且深度逐渐减小的水域,一般以入口处海角之间的连线或入口处的等深线作为与洋或海的分界。海湾中的海水可以与毗邻海洋自由沟通,因此其海洋状况与邻接海洋很相似,但在海湾中常出现最大潮差,如我国杭州湾最大潮差可达8.9m。

需要指出的是,由于历史上形成的习惯叫法,有些海和海湾的名称被混淆了,有的海称为湾,如波斯湾、墨西哥湾等;有的湾则被称作海,如阿拉伯海等。世界上主要的海和海湾见表2-3,其中面积最大、最深的海是珊瑚海。

表2-3 世界主要的海和海湾

洋	海或海湾	面积,$10^4 km^2$	容积,$10^4 km^3$	深度,m 平均	深度,m 最大
太平洋	白令海	230.4	368.3	1598	4115
	鄂霍茨克海	159.0	136.5	777	3372
	日本海	101.0	171.3	1752	4036
	黄海	40.0	1.7	44	140
	东海	77.0	285.0	370	2717
	南海	360.0	424.2	1212	5517
	爪哇海	48.0	22.0	45	100
	苏禄海	34.8	55.3	1591	5119
	苏拉威西海	43.5	158.6	3645	8547
	班达海	69.5	212.9	3064	7260
	珊瑚海	479.1	1147.0	2394	9140
	塔斯曼海	230.0			5943
	阿拉斯加湾	132.7	322.6	2431	5659
	加利福尼亚湾	17.7	14.5	818	3127

续表

洋	海或海湾	面积，$10^4 km^2$	容积，$10^4 km^3$	深度，m 平均	深度，m 最大
印度洋	红海	45.0	25.1	558	2514
	阿拉伯海	386.0	1007.0	2734	5203
	安达曼海	60.2	66.0	1096	4189
	帝汶海	61.5	25.0	406	3310
	阿拉弗拉海	103.7	20.4	197	3680
	波斯湾	24.1		40	102
	大澳大利亚湾	48.4	45.9	950	5080
	孟加拉湾	217.2	561.6	258	5258
大西洋	波罗的海	42.0	3.3	86	459
	北海	57.0	5.2	96	433
	地中海	250.0	375.4	1498	5092
	黑海	42.3	53.7	1271	2245
	加勒比海	275.4	686.0	2491	7680
	墨西哥湾	154.3	233.2	1512	4023
	比斯开湾	19.4	33.2	1715	5311
	几内亚湾	153.3	459.2	2996	6363
北冰洋	格陵兰海	120.5	174.0	1444	4846
	楚科奇海	58.2	5.1	88	160
	东西伯利亚海	90.1	5.3	58	155
	拉普帖夫海	65.0	33.8	519	3385
	喀拉海	88.3	10.4	127	620
	巴伦支海	140.5	32.2	229	600
	挪威海	138.3	240.8	1742	3970

海峡是两端连接海洋的狭窄水道。海峡最主要的特征是流急，特别是潮流速度大。海流有的上、下分层流入或流出，如直布罗陀海峡等；有的分左、右侧流入或流出，如渤海海峡等。由于海峡中往往受不同海区水团和环流的影响，因此其海洋状况通常比较复杂。

三、海水的演化

海水的形成与地球物质整体演化作用有关。一般认为海水是地球内部物质排气作用的产物，即水汽和其他气体是通过岩浆活动和火山作用不断从地球内部排出的。现代火山排出的气体中，水汽占75%以上，据此推测，地球原始物质中水的含量应当较高。地球早期火山作用排出的水汽凝结为液态水，积聚成原始海洋，还有些火山气体溶解于水，从而转移到原始海洋中，而另一些不溶或微溶于水的气体则组成了原始大气圈。也有人认为，最初地球上的水是其他星体撞击地球带来的。

在漫长的地球演化过程中,海水因地球排气作用不断累积增长。最初的原始海洋体积可能有限,深海大洋的形成也要晚些。根据对海洋动物群种属的多样性分析,至少在寒武纪以前就出现了深海大洋。

海水的化学成分,一是来源于大气圈中或火山排出的可溶性气体,如 CO_2、NH_3、Cl_2、H_2S、SO_2 等,这样形成的是酸性水;二是来自陆上和海底遭受侵蚀破坏的岩石,受蚀破坏的岩石为海洋提供了钠、镁、钾、钙、锂等阳离子。目前海水中阴离子的含量,如 Cl^-、F^-、SO_4^{2-}、HCO_3^- 等远远超过从岩石中吸取出的数量。因此,海水中盐类的阴离子主要是火山排气作用的产物,而阳离子则由被侵蚀破坏的岩石产生,其中有很大部分是通过河流输入海洋的。另外,受蚀的岩石也为海洋提供了部分可溶性盐。

前寒武纪晚期以来,尽管地球上的海水量继续增加,特别是各种元素和化合物从陆地或通过火山活动源源不绝地输入海洋,然而,海洋生物调节着海水的成分,促使碳酸盐、二氧化硅和磷酸盐等沉淀下来,硫酸盐、氯化物的含量相对增加,钙、镁、铁等大量沉淀,钠则明显富集,于是海水的成分逐渐演变而与现代海水成分相近。根据对动物化石的研究,在显生宙期间,海水的盐度变化不大。这说明,由于海洋生物的调节作用,世界大洋水的成分自古生代以来已处于某种平衡状态中。

第三节 海底的地貌形态

一、海岸带

世界海岸线全长 $44×10^4$ km,它是陆地和海洋的分界线。由于潮位变化和风引起的增水—减水作用,海岸线是变动的,水位升高便被淹没、水位降低便露出的狭长地带即是海岸带。目前,世界上约有 2/3 的人口居住在狭长的沿海地带,海岸带的地貌形态及其变化对人类的生活和经济活动具有重大意义。

海岸带是海陆交互作用的地带。海岸地貌是在波浪、潮汐、海流等作用下形成的。现代海岸带一般包括海岸、海滩和水下岸坡三部分(图 2-8)。海岸是高潮线以上狭窄的陆上地带,大部分时间裸露于海面之上,仅在特大高潮或暴风浪时才被淹没,又称潮上带。海滩是高低潮之间的地带,高潮时被水淹没,低潮时露出水面,又称潮间带。水下岸坡是低潮线以下直到波浪作用所能到达的海底部分,又称潮下带,其下限相当于 1/2 波长的水深处,通常约为10~20m。

海岸发育过程受多种因素影响,交叉作用十分复杂,因此海岸形态也错综复杂,国内外至今没有一个统一的海岸分类标准。《全国海岸带和海洋资源综合调查简明规程》将我国海岸分为河口岸、基岩岸、砂砾质岸、淤泥质岸、珊瑚礁岸和红树林岸等六种基本类型。

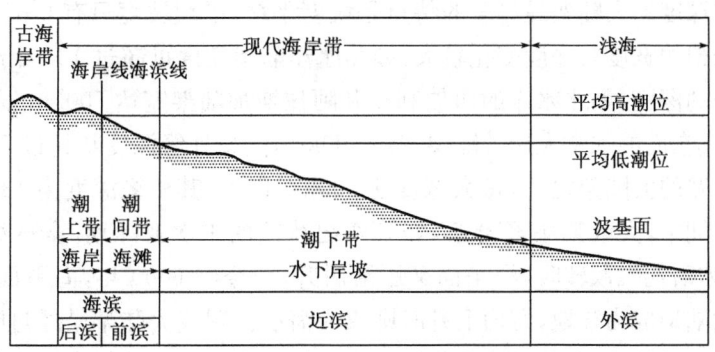

图 2-8 海岸带及其组成部分

二、大陆边缘

大陆边缘是大陆与大洋之间的过渡带，按构造活动性分为稳定型和活动型两大类。

1. 稳定型大陆边缘

稳定型大陆边缘没有活火山，也极少有地震活动，反映了近代在构造上是稳定的，以大西洋两侧的美洲和欧洲、非洲大陆边缘比较典型，因此也称大西洋型大陆边缘，此外，也广泛出现在印度洋和北冰洋周围。稳定型大陆边缘由大陆架、大陆坡和大陆隆三部分组成（图 2-9）。

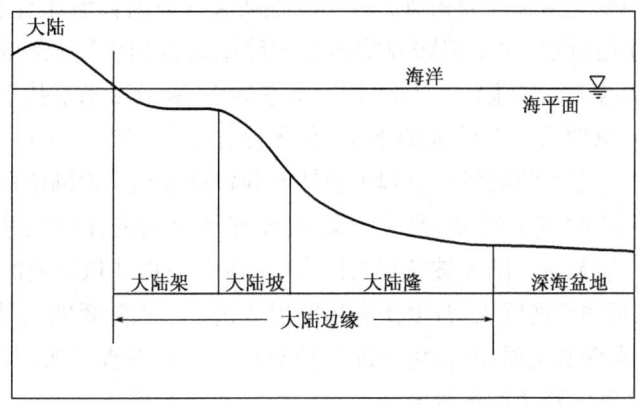

图 2-9 稳定型大陆边缘的组成

大陆架简称陆架，亦称大陆浅滩或陆棚。根据 1958 年国际海洋法会议通过的《大陆架公约》，大陆架定义为"邻接海岸但在领海范围以外深度达 200m 或超过此限度而上覆水域的深度容许开采其自然资源的海底区域的海床和底土"，以及"邻近岛屿与海岸的类似海底区域的海床与底土"。依自然科学的观点，大陆架则是大陆周围被海水淹没的浅水地带，是大陆向海洋底的自然延伸。其范围是从低潮线起以极其平缓的坡度延伸到坡度突然变大的地方为止。坡度陡然增加的地方称为陆架坡折或陆架外缘，因此陆架外缘线不是某一特定深度。大陆架最显著的特点是坡度平缓，平均坡度只有$0°07'$，其内侧比外侧更缓。大陆架的宽度与深度变化较大，如北冰洋陆架宽度可超过1000km；其深度取决于陆架坡折处的深度，如北冰洋的西伯利亚和阿拉斯加陆架宽达700km以上，外缘深度不足75m，但其东面的加拿大岸外陆架宽约200km，陆架外缘深度却超过500m。东海大陆架是世界较宽的大陆架之一，最大宽度达500km以上，其外缘深度为130～150m。在漫长的地质时期中，大陆架屡经沧桑，如第四纪冰期的末次亚冰期，全球海面平均下降130m左右。冰后期气候转暖，海平面又逐渐回升，距今约6000年，海平面与现代接近。海面下降时大陆架成为陆地，海面上升时则成为海底。现代大陆架是经过陆上和海洋各种营力交替作用的地区，并留下这些作用产生的地貌形态。大陆架表面常见的地形主要有：(1)沉没的海岸阶地；(2)中一低纬地带沉溺的河谷和高纬地带沉溺的冰川谷；(3)海底平坦面，如大西洋陆架上可划分出6～9级海底平坦面；(4)水下沙丘、丘状起伏和冰碛滩等微地貌形态。

大陆坡是一个分开大陆和大洋的全球性巨大斜坡，其上限是大陆架外缘（陆架坡折），下限水深变化较大。大陆坡的坡度一般较陡，但不同海区差别很大，Shepard计算的世界大陆坡的平均坡度为$4°17'$。大陆坡一般宽度大、坡度小，如大西洋为$3°05'$，印度洋为$2°55'$，坡度均小于世界平均值，但全球大陆坡最陡的海域却分布在稳定型大陆边缘，如斯里兰卡岸外陆坡达$35°\sim 45°$。多数大陆坡的表面崎岖不平，其上发育有复杂的次一级地貌形态，最主要的是海底峡谷和深海平坦面。海底峡谷是大陆坡上一种奇特的侵蚀地形，它形如深邃的凹槽切蚀于大陆坡上，横剖面通常为V形，下切深度达数百甚至上千米，谷壁最陡$40°$以上，与陆上河谷极为相似。关于海底峡谷的成因目前还有争论，多数人认为是由于浊流侵蚀作用所致，它是把陆源物质从大陆架输送到坡麓及深海区的重要通道。深海平坦面是大陆坡表面坡度($<0°30'$)接近水平的面，宽数百米至数千米，长数十千米。大西洋大陆坡上可识别出三个较大的平坦面，水深分别是550m、1650m和2950m，呈阶梯分布。其成因可能是大陆坡发育过程中岩性差异侵蚀或夷平面断陷所致。

大陆隆又称大陆裾或大陆基，是自大陆坡坡麓缓缓倾向洋底的扇形地，位于水深2000～5000m处。它跨越大陆坡坡麓和大洋底，是由沉积物堆积而成的沉积体。大陆隆表面坡度平缓，沉积物厚度巨大，常以深海扇的形式出现。大陆隆的巨厚沉积是在贫氧的底层水中堆积的，富含有机质，具备生成油气的条件。地震探查证实，其中富含砂层的大陆隆很可能是海底油气资源的远景区。

2. 活动型大陆边缘

活动型大陆边缘与现代板块的汇聚型边界相一致，是全球最强烈的构造活动带，集中分布在太平洋东西两侧，因此又称太平洋型大陆边缘。其最大特征是具有强烈而频繁的地震（释放的能量占全世界的80%）和火山（活火山占全世界80%以上）活动，有环太平洋地震带和太平洋火环之称。

太平洋型大陆边缘又可进一步分为岛弧亚型和安第斯亚型两类，两者都以深邃的海沟与大洋底分界（图2-10）。

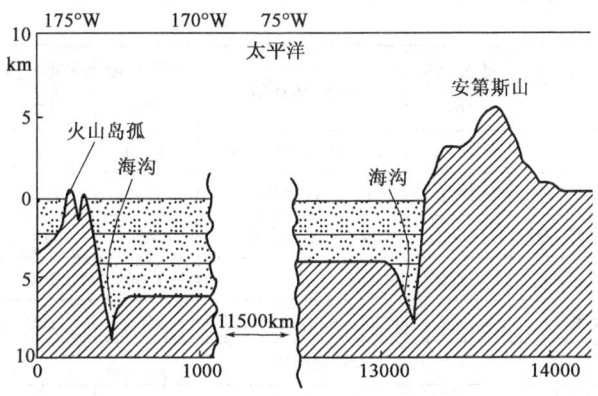

图 2-10 活动型大陆边缘(左为西太平洋岛弧亚型,右为安第斯亚型)

海沟是由于板块的俯冲作用而形成的深水($>6000m$)狭长洼地,往往作为俯冲带的标志。海沟长数百米至数千千米,宽数千米至数十千米,横剖面呈不对称的 V 形,一般是陆侧坡陡而洋侧坡缓。全球共识别出海沟 20 多条,绝大多数分布在太平洋周缘,其中深度超过万米的 6 条海沟也全部在太平洋(表 2-4)。

表 2-4 全球沟—弧体系

海沟名称	最大水深 m	最深部的位置	海沟长度 km	平均宽度 km	毗邻岛弧或山弧
太平洋					
千岛—堪察加海沟	10542	44°15′N,150°34′E	2200	120	千岛群岛
日本海沟	8412	36°04′N,142°41′E	800	100	日本群岛
伊豆—小笠原海沟	10554	29°06′N,142°54′E	850	90	伊豆—小笠原群岛
马利亚纳海沟	10920	11°21′N,142°12′E	2550	70	马利亚纳群岛
雅浦(西加罗林)海沟	8527	8°33′N,138°03′E	700	40	西加罗林群岛
帛琉海沟	8138	7°42′N,135°05′E	4000	40	帛琉群岛
琉球海沟	7881	26°20′N,129°40′E	1350	60	琉球群岛
菲律宾(棉兰老)海沟	10497	10°25′N,126°40′E	1400	60	菲律宾群岛
西美拉尼西亚海沟	6534	—	1100	60	美拉尼西亚群岛
东美拉尼西亚(勇士)海沟	6150	10°27′S,170°17′E	550	60	美拉尼西亚群岛
新不列颠海沟	8320	5°52′S,152°21′E	750	40	新不列颠群岛
布干维尔(北所罗门)海沟	9140	6°35′S,153°56′E	500	50	北所罗门群岛
圣克里斯特瓦尔(南所罗门)海沟	8310	—	800	40	南所罗门群岛
北赫布里底(托里斯)海沟	9165		500	70	北赫布里底群岛
南赫布里底海沟	7570	20°37′S,168°37′W	1200	50	南赫布里底群岛
汤加海沟	10882	23°15′S,174°45′W	1400	55	汤加群岛

续表

海沟名称	最大水深 m	最深部的位置	海沟长度 km	平均宽度 km	毗邻岛弧或山弧
克马德克海沟	10047	31°53′S,177°21′W	1500	60	克马德克群岛
阿留申海沟	7822	51°13′N,174°48′W	3700	50	阿留申群岛
中美（危地马拉、阿卡普尔科）海沟	6662	14°02′N,93°39′W	2800	40	中美马德雷山脉
秘鲁海沟	6262		1800	100	安第斯山脉
智利（阿塔卡马）海沟	8064	23°18′N,71°21′W	3400	100	安第斯山脉
大西洋					
波多黎各海沟	8385	19°38′N,66°69′W	1500	120	大安的列斯群岛
南桑德韦奇海沟	8264	55°07′N,26°47′W	1450	90	南桑德韦奇群岛
印度洋					
爪哇（印度尼西亚）海沟	7450	10°20′S,110°10′E	4500	80	印度尼西亚群岛

岛弧亚型大陆边缘主要分布在西太平洋，其组成单元除大陆架和大陆坡外一般缺失大陆隆，以发育海沟—岛弧—边缘海盆地为最大特点。这类大陆边缘的岛屿在平面分布上多呈弧形凸向洋侧，因此称为岛弧，大都与海沟相伴存在。在岛弧与大陆之间以及岛弧与岛弧之间的海域称为边缘海，其中的深水盆地往往具有洋壳结构，深达数千米。因位于岛弧后方（即陆侧），又称弧后盆地。海沟、岛弧和弧后盆地具有成生联系，从而构成沟—弧—盆体系。

安第斯亚型大陆边缘分布在太平洋东侧的中美—南美洲陆缘，高大陡峭的安第斯山脉直落深邃的秘鲁—智利海沟，大陆架和大陆坡都较狭窄，大陆隆被深海沟所取代，形成全球高差（15km 以上）最悬殊的地带。

三、大洋底

位于大陆边缘之间的大洋底是大洋的主体，由大洋中脊和大洋盆地两大单元构成。

1. 大洋中脊

大洋中脊又称中央海岭，是指贯穿世界四大洋、成因相同、特征相似的海底山脉系列。它全长 6.5×10^4 km，顶部水深大都在 2～3km，高出盆底 1～3km，有的露出海面成为岛屿，宽数百至数千千米不等，面积占洋底面积的 32.8%，是世界上规模最巨大的环球山系（图 2-11）。

大洋中脊体系在各大洋的展布各具特点。在大西洋，中脊位居中央，延伸方向与两岸平行，边坡较陡，称为大西洋中脊；印度洋中脊也大致位于大洋中部，但歧分三支，呈人字形展布；在太平洋内，因中脊偏居东侧且边坡平缓，因此称东太平洋海隆。

大洋中脊的北端在各大洋分别延伸上陆，如印度洋中脊北支延展进入亚丁湾、红海，并与东非大裂谷和西亚死海裂谷相通；东太平洋海隆北端通过加利福尼亚湾后潜没于北

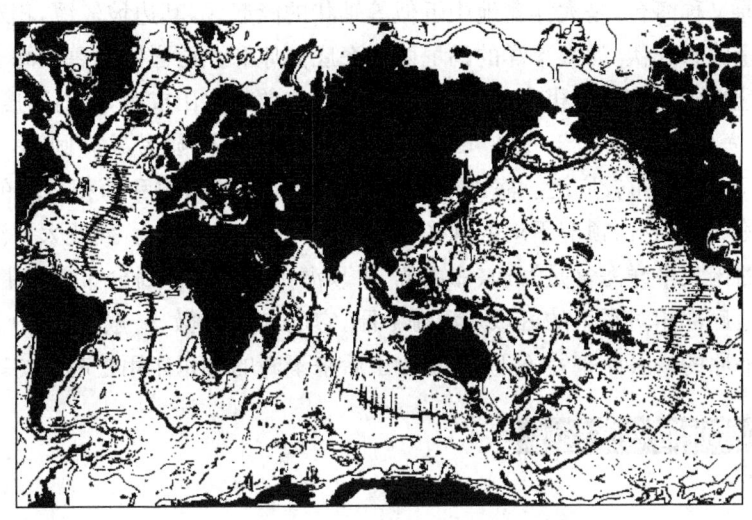

图 2-11 大洋中脊体系

美大陆西部；大西洋中脊北支伸入北冰洋的部分成为北冰洋中脊，在勒拿河口附近伸进西伯利亚。太平洋、印度洋和大西洋中脊的南端互相连接，东太平洋海隆的南部向西南绕行，在澳大利亚以南与印度洋中脊东南支相接，印度洋中脊的西南分支绕行于非洲以南与大西洋中脊南端相连。

大洋中脊的轴部都发育有沿其走向延伸的断裂谷地，称为中央裂谷，向下切入的深度约为 1~2km，宽数十至一百多千米。中央裂谷是海底扩张中心和海洋岩石圈增生的场所，沿裂谷带有广泛的火山活动。中脊地形比较复杂，纵向上呈波状起伏形态，横向上呈岭谷相间排列。

大洋中脊体系在构造上并不连续，而是被一系列与中脊轴垂直或高角度斜交的断裂带切割成许多段落，并错开一定的距离，如罗曼奇断裂带，把大西洋中脊错移 1000km 以上，沿该断裂带形成 7856m 的海渊。这种断裂表现为脊槽相间排列的形态。

大洋中脊体系是一个全球性地震活动带，但震源浅、强度小，所释放的能量只占全球地震释放能量的 5%。

2. 大洋盆地

大洋盆地是指大洋中脊坡麓与大陆边缘（大西洋型的大陆隆、活动型的海沟）之间的广阔洋底，约占世界海洋面积的 1/2。大洋盆地的轮廓受洋中脊分布格局的控制，在大洋盆地中还分布着一些隆起的正向地形，它们进一步把大洋盆地分割成许多次一级盆地。大洋盆地水深一般为 4~6km，局部可超过 6km。

把大洋盆地分隔开的正向地形主要是一些条带状的海岭和近于等轴状的海底高原。海岭往往由链状海底火山构成，由于缺乏地震活动（仅有火山活动引起的微弱地震）而被称作无震海岭，如太平洋的天皇－夏威夷海岭、印度洋的东经九十度海岭等，它们与大洋中脊体系的成因和特征明显不同。有的无震海岭顶部露出水面形成岛屿，如夏威夷群岛等。海底高原又称海台,是大洋盆地中近似等轴状的隆起区,其边坡较缓,相对高差不大,顶面宽广且呈波状起伏,如太平洋的马尼西基海底高原和大西洋的百慕大海台等。

在大洋盆地中还有星罗棋布的海山,它们绝大多数为火山成因,相对高度小于1000m者称为海丘(海底丘陵),大于1000m者称为海山。海丘呈圆形或椭圆形,直径从不足1km至5km不等,分布较广泛。海山一般具有比较陡峭的斜坡和面积较小的峰顶,成群分布的海山称为海山群,顶部平坦的称作平顶海山或海底平顶山。西北太平洋海盆、中太平洋海盆和西南太平洋海盆是海山、海山群、平顶海山和珊瑚礁岛分布最密集的地区。

大洋盆地底部相对平坦的区域是深海平原,它的坡度极微,一般小于10^{-3},有的小于10^{-4}。深海平原的基底原来并不平坦,是由于后来不断的沉积作用把起伏的基底盖平了。

四、中国近海海底地貌

1. 渤海

在四个海区中,渤海深度最浅,小于30m的海域近$7.2×10^4 km^2$,因而海底地势最为平坦,地形也较单调。若再细分,可有5个部分。

(1)渤海海峡——因有庙岛群岛散布其中,将海峡分为8个主要水道。其中以最北面的老铁山水道最宽(44.5km)、最深(水深50~65m,最深处83m),是黄海水进入渤海的主要通道。由于束水流急,海底冲刷成U形深槽。潮流流出老铁山水道西北深槽之后,水流分散,流速减小,于是在深槽末端形成六道指状的水下沙脊,通称"辽东浅滩",其表面沉积为分选良好的细砂。

(2)辽东湾——是处于两大断裂之间的一个地堑型的坳陷,中部地势平坦,平均水深不到30m,最大水深32m。河口之外,大多有水下三角洲。由于古辽河河谷沉溺于海底,形成了一条长约180km的水下谷地。湾内沉积物以粗粉砂和细砂为主。

(3)渤海湾和莱州湾——是两个凹陷区,地形均平缓而单调。黄河口外有巨大的水下三角洲发育,因黄河平均每年输沙$16×10^8 t$以上,使河口沙嘴每年平均向外延伸2.5km。渤海湾水深一般小于20m,北部深水区,可达30m;有一条因潮波作用而形成的水下谷地;沉积物以软泥(粉砂和黏土质)为主。莱州湾绝大部分水深小于10m,最深仅为18m;沉积物以粉砂质占优势;东北部有大片沙质浅滩与沿岸沙嘴。

(4)中央海盆——是一个近似三角形的海盆,北窄而南宽;水深20~40m,为地堑型凹陷;盆地中心沉积物为分选良好的细砂。渤海为中、新生代沉降盆地,基底为前寒武系变质岩,第四纪的沉积物厚度约300~500m。地壳厚度,中部为29km,向四周增加,可达31~34km。中生代之后,几经沉降、断裂、海侵、沉积与上升,才形成了现代的渤海。

2. 黄海

黄海海底地势比东海和南海平坦,但地貌形态却比渤海复杂。最突出的特征有黄海槽、潮流脊和水下阶地。

黄海槽是自济州岛经南黄海，一直伸向北黄海的狭长的水下洼地，深度为60～80m，自南向北逐渐变浅。洼地东侧地势较陡，西侧则较平缓。黄海槽对黄海的水文状况影响很大。

所谓潮流脊，是在潮差大、潮流急的海域，冲刷海底沙滩而形成的与潮流平行的海底地貌形态。在北黄海，从鸭绿江口到大同江口外的海底，有大片的潮流脊呈东北—西南走向。在南黄海中，更有大型潮流脊群，如以弶港为顶端向外呈辐射状分布的潮流脊群，其范围相当大，南北长约200km，东西宽约90km，有大小砂体70多个。

在北纬38°以南的黄海两侧，还分布着宽广的水下阶地，西侧比较完整，东侧则受到溺谷切割，在岛间或岛麓，又常出现较深的掘蚀洼地。

黄海的表面沉积物属陆源碎屑物。东部海底沉积物主要来自朝鲜半岛，西部则是黄河和长江的早期输入物，中部深水区是以泥质为主的细粒沉积物。

北黄海基底主要由前寒武系变质岩组成，南黄海具有统一的古生代褶皱基底，新生代有大规模断陷，之后又接受巨厚的沉积，第四纪沉积物厚达300～500m。第四纪以来，随冰期与间冰期交替，海面有多次升降，大约距今6000年，海面才接近现今的态势。

3. 东海

东海因兼有浅海和深海的特征而不同于渤海和黄海，但仍以浅海特征比较显著。

浅海特征中，尤以大陆架宽广最为突出。东海大陆架是世界上最广阔的大陆架之一，面积可占东海的2/3。东海北部陆架比南部更宽，最大宽度可达640km，这样就使东海海底向东南方向下倾。陆架南部的台湾海峡，平均深度约80m，地形较为复杂，最深可达1400m，中有澎湖列岛和台湾浅滩，浅滩外缘水深约36m，最浅处仅8.2m。东海陆架北部有一巨大的水下三角洲平原，一直延伸到黄海的海州湾。从长江口水下三角洲向外，有长江古河道遗迹。

东海又具有半深海特征。大陆坡在大陆架东南侧外缘最陡，经短距离直下冲绳海槽。冲绳海槽呈西南—东北走向，属弧形舟状海槽，剖面为U形，两坡陡峭，谷底较平缓，海底有火山喷发形成的海山。

表面沉积自西向东形成与海岸线平行的三个带：近岸细粒沉积物带，中间粗粒沉积物带和外海细粒沉积物带。另外，在济州岛西南有一大片细粒沉积物区，大致呈椭圆形，其中心为粒径甚细的泥质。冲绳海槽底部，沉积物亦为黏土质泥。

东海地质构造主要是三个隆起带和两个坳陷带。前者为浙闽隆起带、东海陆架边缘隆褶带和琉球岛弧带；后者为东海陆架坳陷带和冲绳海槽张裂带。海槽南部地壳厚度较小，仅15km。东海陆架边缘隆褶带产生于古近纪，第四纪之后又几经变化，海面也随之有升有降；晚更新世（第四纪的早期）曾为大陆平原，而后又逐渐沉没，形成现在的陆架浅海。

4. 南海

南海属于深海,大陆架、大陆坡和深海盆地等形态相当齐全。海底地形的基本特点是由岸边向海盆中心的阶梯状下降,但突出特征是南、北坡度缓,而东、西坡度陡。

南海的大陆架在北部和南部均较宽较缓,且以南部为最,属于堆积型;西部和东部则属堆积—侵蚀型,陆架较狭、较陡,其中又以东部最甚,吕宋岛以西宽度仅为5km,坡度很大。

南海北部的大陆坡由西北向东南逐级下降,在不同深度的台阶上,分布着东沙、西沙和中沙三大群岛。其中,中沙群岛是一个巨大的水下环礁,有一系列断断续续的暗沙和浅滩。南海南部的大陆坡较宽广,有南沙群岛和南沙海槽。南沙群岛是一个海底高原,有星罗棋布的岛屿、沙洲、暗礁、暗沙等。西部的大陆坡也较宽阔,有明显的阶状平坦面。东部,在吕宋岛以西有北吕宋海槽和马尼拉海沟。

南海的中央海盆,大致位于中沙和南沙群岛的大陆坡之间,主体是东北向伸展的深海平原,长约1600km,宽约530km,其北部较浅,平均深度为3400m;南部较深,平均深度为4200m。深海平原上矗立着一些孤立的水下海山,是由海底火山喷发而成的火山锥。

在北部大陆架上主要是珠江等带来的陆源沉积物,以泥质为主;外陆架沉积物主要为沙质。南部大陆架主要为近代粉砂和黏土。中央海盆主要是颗粒极细的棕色抱球虫软泥和火山灰,近期也发现有锰结核或锰壳。

南海位于欧亚板块、太平洋板块和印度洋—澳大利亚板块交汇之处,构造很复杂。一般认为,其中央海盆的洋壳是在渐新世末至中新世初形成的。

第四节 海洋沉积

一、滨海沉积

滨海或称近岸带环境是指从特大高潮线至深度为浅水波半波长的区域,是海洋与非海洋过程相互作用的地带。海洋过程受波浪、潮汐、海流等因素控制,非海洋过程则有河流径流量、流速及固体载荷的性质和数量等因素的制约。由于这些参数具有多变性,因此近岸滨海不同环境的沉积机理和沉积产物就有所不同。

1. 海滩沉积作用

海滩是沿岸分布的疏松沉积物堆积体,在近岸沉积环境中分布广泛。其范围在狭义上是从海蚀崖或沙丘到平均低潮线,广义上的下界则可延伸到表层波浪对沉积物的搬运作用已很微弱的深度(10~20m)。海滩发育主要受波浪控制,波浪破碎产生的冲流及回流塑造了海滩剖面。典型的海滩剖面分为后滨(平均高潮线至特大高潮线)、前滨(平均高、低潮线之间)、内滨(平均低潮线至破波带)和滨面(破波带与内陆架之间)四带(图2-12)。

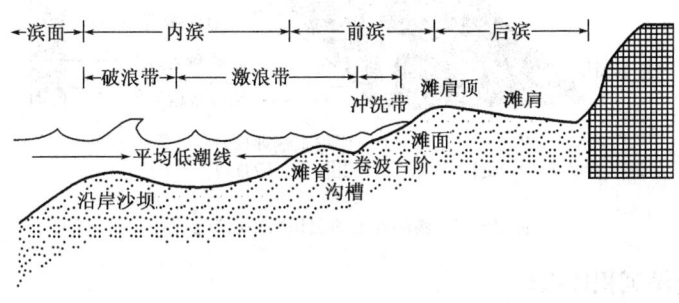

图2-12 海滩剖面

组成海滩的物质多来自邻近陆地,主要是河流自流域内搬运来的风化产物,海岸侵蚀是海滩物质的最直接来源,另外还有自内陆架向岸搬运的沉积物。海滩沉积物的粒度变化较大,可从粉砂到巨砾,而以砂、砾为主。沉积结构的横向变化和纵向变化与波能强弱有关。在横向上,粗颗粒多分布于破波带,由此向岸、向海均变细。在纵向上,颗粒沿海岸线递变,波能强处颗粒粗,如岬角处往往发育砾石滩;波能弱处颗粒细,如岬角间的海湾则发育沙滩。

2. 潮坪沉积

潮坪是以潮汐作用为主要动力,坡度极其平缓(0°03′~0°17′),由细碎屑物质(黏土、粉砂)组成的近岸带。潮坪多呈带状延伸,在开阔海的边缘规模大;发育在海湾、河口湾和潟湖周边的潮坪规模较小,呈断续分布。潮坪的宽度主要取决于潮差,强潮(潮差>4m)海岸的潮坪宽阔而广泛,中潮(潮差2~4m)海岸的潮坪狭窄。发育潮坪的条件除地形、潮差外,还必须有丰富的细粒沉积物质,并且波浪作用微弱。如物源不足或波浪作用太强,即使地形平缓、潮差很大,也很难形成潮坪。

根据潮汐涨、落时出露水面的情况,可将潮坪分为潮上坪(平均高潮线至特大高潮线之间)、潮间坪(平均高、低潮线之间)和潮下带(平均低潮线以下)。由于潮流的冲蚀作用,潮坪上往往发育有潮沟和潮道。潮坪的主体是潮间坪,潮间坪上碎屑物质以平行等深线的带状形式被反复搬运、沉积。根据搬运沉积过程,可进一步划分为三个分别与高、中、低潮坪相对应的碎屑物质搬运沉积带(图2-13)。高潮坪是以悬浮载荷为主的搬运沉积带,主要是由粉砂和黏土等细粒物质组成的泥质沉积;低潮坪是以床砂载荷为主的搬运沉积带,堆积成具有多种交错层理的潮坪砂体;中潮坪则是床砂及悬浮载荷共存的过渡搬运沉积带,主要是砂质和泥质混合过渡沉积物。

我国沿岸现代潮坪广泛发育,约占我国大陆岸线总长的25%,以江苏沿岸的潮坪最长(600km)、最宽(10km)。沉积物主要来自黄河、长江和珠江等大河,大多是由粉砂组成的泥质潮坪。

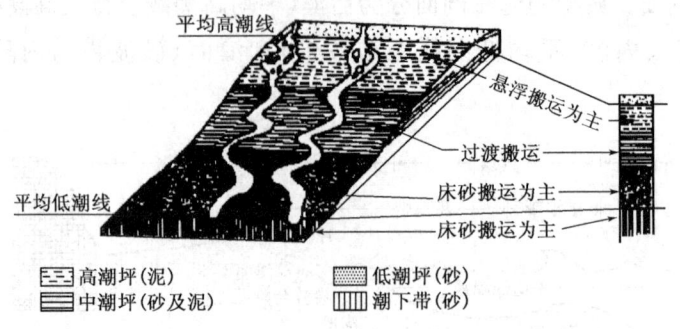

图 2-13 潮间坪上的沉积物搬运沉积带

3. 沙坝—潟湖沉积体系

沙坝又称障壁岛、堤岛、堡岛等,泛指近海与海岸线延伸方向平行分布的一系列沙坝和沙岛。被沙坝从毗邻海域隔离出来,仍与海洋沟通或有沟通的浅水域称为潟湖。沙坝、潟湖相互依存,构成沙坝—潟湖体系。沙坝—潟湖海岸遍及全世界,约占现代岸线总长的13%。

沙坝、潟湖的形成与第四纪冰期后的海面上升有关,其发育一般经历四个阶段。海湾潟湖是初期发育阶段,此时滨外沙坝尚在水下或不连续,因此与海洋联系密切。滨外砂体变大,潮流通道联系不畅而成为半封闭潟湖,可有淡水注入,使盐度降低。潟湖完全被沙坝阻隔,与海洋联系基本断绝而成为封闭潟湖,只有暴风浪时海水才可越过沙坝进入潟湖。封闭潟湖进一步演化为滨海沼泽,植物丛生,并为后期的河流冲积物所覆盖,成为埋藏潟湖。

潟湖一般为低能环境,波浪、潮流的作用都不强,仅潮流通道口附近的潮流较强。通常缺乏陆源碎屑物质的大量供给,有利于生物及化学沉积作用。潟湖沉积的组成有碎屑物质和化学沉淀物,以碎屑为主,主要来自障壁、外滨,部分来自陆地。热带海岸潟湖可能全由碳酸盐质的生物碎屑组成,高盐潟湖中可形成石膏、岩盐等化学沉淀物。

4. 河口湾沉积

河口湾是与开阔海洋自由沟通的半封闭沿岸水体,与河流相接并被径流所淡化,上限为潮流界或沉积物进行双向搬运的上界。河口湾发育在沉积物载荷量比扩散力低的河口,一般潮差较高,具有下沉河谷的中纬度海岸带和现代冰川活动以及砂质海岸等现代环境最有利于河口湾的发育。

河口湾内碎屑物质的搬运和沉积过程以及底质的特征受径流、潮汐、波浪及河口环流系统等水动力要素的控制。河口湾内的扩散系统可根据主要扩散营力分为河流、河口环流及海洋作用区。在河流作用区,搬运、扩散碎屑物质的主要营力为径流,潮流作用很弱。其沉积物以边滩为主,由交错层状砂和黏土透镜体组成;另外还有河道沉积(砂、黏土互层并含砾石)以及沼泽沉积(富含有机质的黏土及粉砂)。在河口环流作用区,径流量与潮流量之比为0.05~1.0,细粒物质的扩散依赖于河口环流。该作用区的沉积相以潮道相为主,由纹层状粉砂、黏土组成,夹砂质透镜体,向海方向生物扰动程度增大;另外还有由砂组成、偶含泥砾、具波痕构造的沙滩相,由纹层状泥和砂组成、具生物扰动构造的潮坪相以及由富含植物碎屑的黏土组成的沼泽相。海洋作用区的营力有河口环流、潮汐、波浪和沿岸流,入口处的潮汐和波浪作用最强,而携带悬移质的河口湾则由较深的潮道注入外海。潮道中的沉积物为粗砂,浅滩沉积物为中细砂,两者都具有小型交错层。

5. 三角洲沉积作用

三角洲是河流携带的泥沙等物质在滨海(湖)地带形成的堆积体,由陆上和水下两部分构成,水下部分是陆上部分的延续,陆上部分是水下部分发展的必然结果。

决定三角洲发育和沉积物分布的主导因素是河口水流。河流入海,由固定河床进入开阔海域,比降减小、流幅展宽、流速降低、淡咸水混合,自河口向海方向,沉积物发生分异沉降。近河口区的沉积物是砂、粉砂和黏土的混合物,以砂为主;远离河口的地带主要是黏土落淤,砂和粉砂含量甚少。胶体化学作用和生物作用促进黏土沉积,从而增加了沉积物中黏土质的含量。此外,河口以外细粒沉积物扩散甚远,为尔后三角洲的前展奠定了基础。

影响三角洲发育和沉积物分布的自然因素还有径流量和输砂量、潮汐和潮流、波浪等。径流量和输砂量是三角洲形成的物质基础,一般径流量大、输砂量大的河流,三角洲比较宽大,如长江、亚马孙河三角洲等。河口地区潮差的大小控制着潮流强弱及潮汐对三角洲沉积环境的影响,强潮(潮差>4m)河口有利于形成潮成砂体、潮滩和滨海盐沼;中潮(潮差2~4m)一般发育潮成三角洲、潮流通道;弱潮(潮差<2m)河口的三角洲和滨外沙坝发育较好。河口地区波浪的作用主要是改变河流带来的泥沙分布,在滨外形成砂体,进而改变三角洲的结构和类型。此外,河口地区的地质构造和盆地形状可提供三角洲发育的背景,气候可使三角洲沉积环境发生变化,海流可以使水下三角洲的位置发生迁移。

三角洲按其平面形态通常分为四类(图2-14):(1)鸟足状或伸长状,如美国密西西比河三角洲;(2)扇状或弧形,如黄河三角洲;(3)尖头状,如意大利波河三角洲;(4)岛屿状,如长江三角洲。

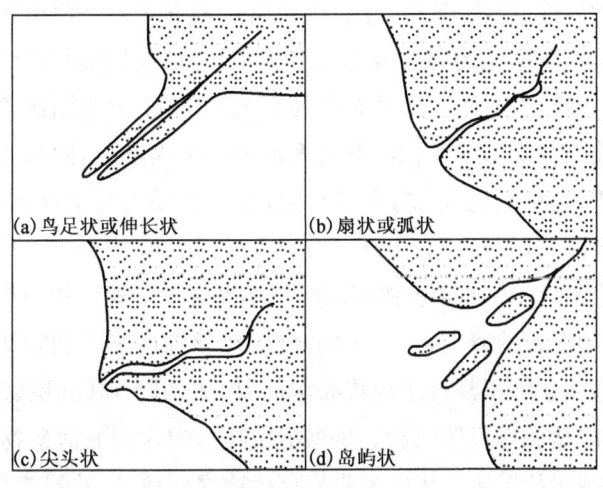

图2-14 三角洲主要的平面形态

根据水动力条件对三角洲发育的影响程度,可将其分为河控、潮控、浪控以及河流与潮汐综合控制四种主要类型。河控三角洲的沉积主要是汊道向海沉积,如密西西比河鸟足状三角洲和黄河三角洲。潮控三角洲发育在强潮岸段,涨潮和落潮时出现于分汊河道中的往复水流可能是沉积物扩散的主要动力,如湄公河三角洲;浪控三角洲发育在波浪活动强烈的岸段,河口沙坝沉积物被波浪不断搬运,形成一系列沙堤,如尼罗河三角洲和海南岛南渡江三角洲。在径流和潮流综合作用的河口区,由河流带来的泥沙,经涨、落潮流的改造,形成沙洲或暗沙,如长江三角洲。

二、大陆架沉积

大陆架为浅海环境,其沉积作用和沉积相受各种物理、化学、生物及地质作用等过程的控制。陆架泥沙的搬运、沉积以物理过程为主,主要作用营力是潮汐、风暴及风海流,另外还有因温、盐梯度和科氏力造成的密度流、地转流以及由大洋进入陆架区的洋流。内陆架以潮流及风暴浪的作用为主,外陆架以洋流作用为主。化学过程主要发生在沉积物—海水和颗粒—孔隙水的界面上,通过海解(最广泛)、逆风化及沉淀作用形成各种海洋自生矿物。海洋生物特别是底栖生物的运动、摄食、排泄、掘穴活动等使陆架底质发生扰动,可使沉积物和原始沉积构造发生变化。地质过程主要是海面变化和构造作用。长期而缓慢的海面变化与海底扩张作用有关,短期而快速的海面变化与气候变化有关。海面变动塑造了现代陆架的地形,并决定了沉积相。构造作用决定着大陆的抬升速率、汇水盆地格局、河流载荷量及性质、海岸平原和陆架的宽度及坡度,影响陆架沉积作用的强度和范围。

根据经典性观点,现代陆架上主要分布着三种沉积物。(1)残留沉积:是与现代水动力环境不相适应的沉积物,它们形成于更新世末低海面时期,在全新世海侵后基本未被改造,仍保留着原来的岩性、结构、构造、化石以及沉积地形等。残留沉积以砂为主,大都分布在外陆架,现代沉积速率低的内陆架上也有分布。(2)现代沉积:沉积物的属性与目前所处的沉积环境相一致,处在统一的动态平衡系统之中,主要为陆源碎屑,一般由砂或泥组成,取决于河流输入的类型。现代沉积物大都分布于内陆架,向海变薄,外陆架很少分布。(3)准残留沉积:是指受现代陆架物理(主要是海洋动力)、生物和化学过程改造过的残留沉积,也称变余沉积,其性质介于现代沉积和残留沉积之间。

20世纪80年代以来,许多学者强调水动力学因素对陆架沉积作用的影响,特别是中国学者对黄东海陆架沉积的研究认为,大的潮波、风暴潮可影响到陆架的最深区域,根据动力沉积学观点,大陆架沉积都处于现代海洋动力学作用下,其沉积物皆为现代沉积。大陆架生物沉积有碳酸盐和有机质沉积。碳酸盐沉积物中含碳酸盐矿物50%以上,它又被分为骨骼和非骨骼碳酸盐沉积。内陆架是底栖生物繁盛地带,外陆架则以浮游生物为主。陆缘植物的花粉、孢子及植物碎片,也能随风和冲淡水散布于浅海陆架。

大陆架碎屑沉积物和碳酸盐沉积物中都含有机质,但两者的组分和来源均不同。碳酸盐中有机质主要来自海洋生物,壳内的有机质大都是蛋白质和类脂化合物,由于成岩作用中蛋白质水解,致使碳酸盐中有机质大部分散失。黏土中的有机质大多来自大陆,其组分主要为腐殖质和木质素,少量来自海洋生物的蛋白质和类脂化合物,通常在高生产力、低能海域的还原环境形成的黏土沉积物中有机质含量较高,并可长期保留下来。

三、大陆坡—陆隆沉积

大陆坡—陆隆环境中的沉积作用与大陆架不同,除受地质构造环境、海面变化、物质来源及生物活动影响外,主要受块体运动、大洋深层热盐环流及水柱中的沉降等过程的控制。陆坡—陆隆堆积了大量以陆源成分为主的沉积物,厚度可达 2000～5000m。

陆坡—陆隆的搬运沉积过程可有连续和不连续之分。连续过程包括水柱中的沉降作用、浑水羽状流和底层流作用。参与该过程的流体体积虽大,但碎屑浓度很低,因此沉积速率也很低。不连续过程则包括浊流、碎屑流、滑动等方式。参与该过程的流体体积虽较小,但浓度很高,因此沉积速率也很高。

需要特别指出的是,大陆隆实质上是由一系列深海扇组合而成的,深海扇则是大陆坡麓由沉积物堆积而成的沉积体,其地貌单元可分为扇谷和舌状体(图2-15)。

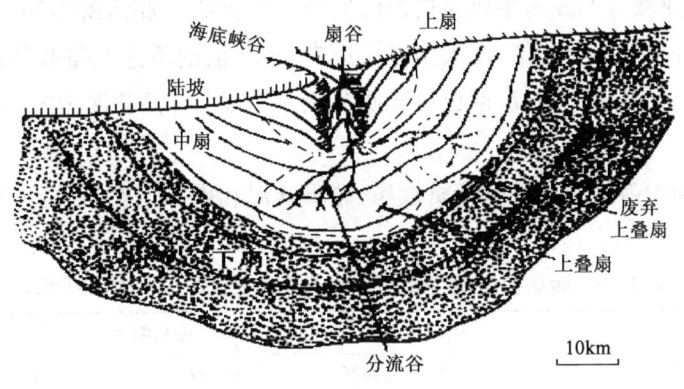

图 2-15 深海扇模式图

深海扇的半径为数十至数千千米,沉积物厚数十至数千米。世界许多大河(如亚马孙河、刚果河、密西西比河、印度河、恒河等)口外都发育有大型深海扇,其中恒河和印度河的深海扇体积达 $94\times10^4 km^3$,沉积物最大厚度可达 10km。

四、大洋沉积

大洋沉积物由生物组分(钙质和硅质)及非生物组分(陆源、自生、火山及宇宙尘埃)组成,它们的相对丰度是大洋沉积物分类命名的基础。大洋沉积物的分类可归纳为三种主要形式:(1)以水深分布为主要依据的分类;(2)以成分、粒度为主要依据的分类;(3)以成因为主要依据的分类。按大洋沉积物的成因将其分为远洋黏土、钙质生物沉积、硅质生物沉积、陆源碎屑和火山碎屑沉积五种主要类型。

远洋黏土因其颜色主要呈褐至红褐色，又称褐黏土或红黏土。褐黏土主要由黏土矿物、石英和长石细碎屑、自生和宇宙源组分组成，平均粒径小于 0.005mm。黏土矿物由伊利石、高岭石、绿泥石和蒙皂石及其混层矿物组成。褐黏土分布区往往是气旋、反气旋式环流中央的低生产力区，主要分布在太平洋，它覆盖了洋底总面积的 49.1%。大西洋和印度洋分布局限。

钙质生物沉积是指含 $CaCO_3$ 大于 30%，而陆源黏土、粉砂含量小于 30% 的远洋沉积物。按固结程度的不同，又可进一步分为钙质软泥、白垩和石灰岩。钙质软泥(有孔虫软泥约占 98%，还有少量钙质超微化石软泥和翼足类软泥)是主体，分布也最广泛，约覆盖世界洋底总面积的 47.7%。钙质软泥的分布主要受生物生产力、骨屑的溶解、其他沉积物的稀释作用及全球气候和环流变化的影响，现代远洋钙质生物沉积主要集中在南北纬 60°之间。

硅质生物沉积是指含生物骨屑 50% 以上、硅质生物遗骸大于 30% 的远洋沉积物。按固结程度的不同，又分为硅质软泥、硅藻土、放射虫土及燧石等。硅质软泥是主体，主要由硅藻、硅鞭藻、放射虫及硅质海绵等浮游生物残骸组成，矿物成分为蛋白石(非晶质 SiO_2)。影响硅质软泥形成的主要因素是硅质骨屑的供给量和溶解作用。现代大洋中的硅质软泥主要分布在三个地带，即太平洋赤道带、环北极的不连续带和环南极的连续带。此外，各大洋东侧的沿岸上升流区也有硅质沉积。极区以硅藻软泥为主，赤道及上升流区为放射虫软泥。

大洋沉积物中占绝对优势的钙质软泥、硅质软泥和褐黏土在三大洋分布的面积频率有很大差异(表 2-5)。

表 2-5　钙质软泥、硅质软泥和褐黏土在三大洋分布的面积频率

沉积物类型		面积频率，%			
		大西洋	太平洋	印度洋	总计
钙质软泥	有孔虫软泥	65.1	36.2	54.3	47.1
	翼足类软泥	2.4	0.1	—	0.6
	小计	67.5	36.3	54.3	47.7
硅质软泥	硅藻软泥	6.7	10.1	19.9	11.6
	放射虫软泥	—	4.6	0.5	2.6
	小计	6.7	15.7	20.4	14.2
褐黏土		25.8	49.1	25.3	38.1
大洋面积，%		23.0	53.4	23.6	100.0

大西洋钙质软泥的面积频率最高，印度洋次之，太平洋最低；硅质软泥在印度洋的面积频率最高，太平洋次之，大西洋最低；褐黏土分布的面积频率以太平洋最高，大西洋次之，印度洋最低。这种差异是由于各洋盆的环流格局不同所致。

思 考 题

1. 地球外部与内部圈层是怎样划分的？试说明它们之间的内在联系和区别。
2. 简述全球海陆分布特点以及海洋的划分。
3. 什么是海岸带？其组成部分是如何界定的？
4. 大陆边缘分为几种主要类型？各自的构成及其主要特点是什么？
5. 什么是大洋中脊体系，它有哪些主要特点？
6. 滨海沉积环境主要有哪些？试说明各自沉积作用的控制因素及沉积特点。
7. 大陆架沉积作用过程有哪些？试说明现代陆架沉积物的主要类型及分布规律。
8. 按照大洋沉积物的成因可将其分为哪几种主要类型？试归纳它们的分布规律。
9. 简述中国近海的海底形态。

第三章 海水的物理化学性质

第一节 海水起源及组成

一、海水的起源

海水覆盖了地表面积的71%。若取全球湖泊、河川的水量为1个单位,那么,海洋的水量便是它的$1.4×10^4$倍。连同其他的水量一起,海水的质量为$14000×10^{17}$kg;陆地上水的质量为$150×10^{17}$kg;地下水的质量为$5×10^{17}$kg;湖泊、河川的质量为$1×10^{17}$kg;大气中的水汽质量为$0.17×10^{17}$kg。地球表面正是由于存在如此巨大的水量,才使得气候温和。海洋水体温度最高与最低之差一般为30℃左右。而距离地球最近的天体——月球,中午与半夜的温差约为290℃。

海洋渺无边际,它储存着$1.4×10^{21}$kg的海水。这样大量的海水究竟是怎么样形成的呢?看来不可能是来自大气,因为大气质量比海水质量小很多。地球质量为$6×10^{24}$kg;而大气质量仅占地球质量的0.00009%,海水质量也只占地球质量的0.023%,它们和地球总体质量相比,都是一个很小的数量。关于海水的起源问题,必须从地球历史的发展进程来寻求答案。

根据天体物理的观测,地球上的氦、氖、氙等气体的含量比其他星体的含量低10^6~10^{10}倍。据此推理,像水、氮气、氧气等物质,即使在地球表面曾经出现过,也会从原始地球的表面逸散到宇宙空间中去。因此,水、氮气、氧气等物质必定与其他物质形成化合的状态,或存在于地球内部,后来通过物质、化学作用及火山活动而把水和其他元素释放出来,经过多种过程最后汇集成海洋。

有观点认为,上地幔主要是由橄榄岩所组成的。橄榄岩中含有一定的水。水和橄榄岩在高温下是不共存的,但当温度下降到500℃以下时,两者则会化合而变为蛇纹岩。根据赫斯的看法,橄榄岩和水从地下深处上升到表面附近,温度下降到低于500℃时,就可

能形成蛇纹岩。反之，由于海底的扩张与收缩，当蛇纹岩的温度超过500℃时，就会将原来化合的水释放出来，这是海水的来源之一。

另外，人们分析了经过火山从地球内部排出的物质，发现在其高温（500℃左右）气体中，含有氯化钠、氯化钾、三氯化铁等大量氯化物，也含有硅溶液的岩浆，还有大量的水汽，有时甚至会有沸腾的水柱喷射出来。这些物质的组成与海水组成很相似。从地质史上看，现在地球释放水的速度比以前缓慢得多，现代每年从陆地和海底有 6600×10^8 t 的水排出。它们以水、水汽或者是其他水化物的形式喷射释放出来，尽管经历了多种多样的过程，终归流入海盆，从而形成了海水。

二、海水的组成

1. 性质与存在形式

海水中溶解有各种盐分，海水盐分的成因是一个复杂的问题，与地球的起源、海洋的形成及演变过程有关。一般认为盐分主要来源于地壳岩石风化产物及火山喷出物。另外，全球的河流每年向海洋输送 5.5×10^{12} kg 的溶解盐，这也是海水盐分来源之一。从其来源看，海水中似乎应该含有地球上的所有元素，但是，由于分析水平所限，目前已经测定的仅有80多种。现将其中最重要的一些溶解元素的列于表3-1。

表3-1　海水中最重要的溶解元素的浓度和化学形态

元 素	浓度（每千克海水）			主要存在形态①
	平均	范围	单位	
Li②	174		μg	Li^+
B②	4.5		mg	H_3BO_3
C	27.6	24～30	mg	HCO_3^-, CO_3^{2-}
N③	420	1～630	μg	NO_3^-
F②	1.3		mg	F^-, MgF
Na②	10.77		g	Na^+
Mg②	1.29		g	Mg^{2+}
Al	540	10～1200	ng	$Al(OH)_4^-$, $Al(OH)_3$
Si	2.8	0.02～5	mg	H_4SiO_4
P	70	0.1～110	μg	HPO_4^{2-}, $NaHPO_4^-$, $MgHPO_4$
S②	0.904		g	SO_4^{2-}, $NaSO_4^-$, $MgSO_4$
Cl②	19.354		g	Cl^-
K②	0.399		g	K^+
Ca②	0.412		g	Ca^{2+}
Mn	14	5～200	ng	Mn^{2+}, $MnCl^+$
Fe	55	5～140	ng	$Fe(OH)_3$

续表

元素	浓度(每千克海水)			主要存在形态①
	平均	范围	单位	
Ni	0.50	0.10~0.70	μg	Ni^{2+}, $NiCO_3$, $NiCl^+$
Cu	0.25	0.03~0.40	μg	$CuCO_3$, $CuOH^+$, Cu^{2+}
Zn	0.40	0.01~0.60	μg	Zn^{2+}, $ZnOH^+$, $ZnCO_3$, $ZnCl^+$
As	1.7	1.1~1.9	μg	$HASO_4^{2-}$
Br②	67		mg	Br^-
Rb②	120		μg	Rb^+
Sr②	7.9		mg	Sr^{2+}
Cd	80	0.1~120	ng	$CdCl_2$
I	50	25~65	ng	IO_3^-
Cs②	0.29		μg	Cs^+
Ba	14	4~20	μg	Ba^{2+}
Hg	1	0.4~2	ng	$HgCl_4^{2-}$
Pb	2	1~35④	ng	$PbCO_3$, $Pb(CO_3)_3^{2-}$, $PbCl^+$
U②	3.3		μg	$UO_2(CO_3)_3^{4-}$

①氧化水体中的无机形态。
②随盐度不同浓度范围差异极大,平均值是盐度 35‰ 的海水值。
③浓度指化合的氮,该元素也以氮气形式存在。
④浓度受到大气中含铅汽油燃烧影响。

  表 3-1 中较高浓度的组分基本上代表了其在海水中的平均浓度,一些低含量成分由于测定困难,测定过的样本不多,难以代表其平均浓度。表中还反映出逗留时间长的元素在海水中的含量也高,如果把含量填写入元素周期表,大致可以看到如下规律:除零族惰性气体外,周期表两端的元素含量较高,如ⅠA、ⅡA、ⅥA 及ⅦA 族;同族元素从第三周期开始随原子序数增加而减少。ⅠA、ⅡA 和ⅦA 三族元素的 $\lg C$(C 以 mmol/kg 表示)与原子序数呈线性关系。某些副族元素也有类似现象。过渡元素在海水中含量都较低,包括植物生长的营养元素和一些必需的微量元素都集中在这个区域。

  表 3-1 中列举了主要元素的无机形态。对于元素的化学形态的了解是十分重要的,因为它对于元素在海水中的反应有决定作用。例如,铜对于浮游生物的作用就是与自由的二价铜离子浓度有关,而非与总铜浓度有关。在化学分析中,一般不区分化学形态,溶解态浓度就是指离子或元素的总浓度。

2. 元素在海水中的逗留时间

  元素在海水中并非永久留存,河流不断把盐分输送到海洋,海水中的元素又不断向海底沉积。不同的元素转移到沉积中间的速度是不同的,例如,河水中 Ca^{2+} 含量比 Na^+ 高,而进入海洋之后,Na^+ 的含量比 Ca^{2+} 高得多,这说明 Ca^{2+} 比 Na^+ 更容易进入沉积物。为了解不同元素在海水中可以停留的时间和转移速率,Barth 提出了海水中元素的逗留时间(T)的概念,其定义为:

$$T = 海水中某元素的总量/该元素每年进入海洋的量 \quad (3-1)$$

式中，T 为元素以固定的速率向海洋输送，如果要把全部海水中该元素置换出来所需的平均时间。海水中一些元素的逗留时间列于表3-2中。

表3-2 海水中一些元素的逗留时间

元素	lg$T$	元素	lg$T$	元素	lg$T$	元素	lg$T$
H	4.5	Cl	7.9	As	5	Hg	5
Li	6.5	K	6.7	Se	4	Pb	2.6
Be	2	Ca	5.9	Br	8	Ra	6.6
B	7.0	Sc	4.6	Rb	6.4	Th	2
C	4.9	Ti	4	Zr	5	U	6.4
N	6.3	V	5	Mo	5		
O	4.5	Cr	3	Ag	5		
F	5.7	Mn	4	Cd	4.7		
Na	7.7	Fe	2	Sb	4		
Mg	7.0	Co	4.5	I	6		
Al	2	Ni	4	Cs	5.8		
Si	3.8	Cu	4	Ba	4.5		
P	4	Zn	4	La	6.3		
S	6.9	Ga	4	Au	5		

海水的更新时间在温跃层（平均100m）以上平均为几十年，而在深层则为1000年左右。如果元素逗留时间大于更新的时间，则在整个海洋中的分布应当是均匀的；如果小于更新的时间，其分布应当是不均匀的。但是有些元素如P、N、Si虽然逗留时间较长，但是由于生物参与了这些元素的循环，在海洋中也造成了不均匀的分布。

第二节 海水的物理性质

一、水的结构及物理特性

海水是一种溶解有多种无机盐、有机物质和气体以及含有许多悬浮物质的混合液体。迄今已测定海水中含有80余种元素。就大多数海水而言，溶解无机盐的总含量约占3.5%左右，这就使海水的一些物理性质同纯水相比有许多差异。然而海水中的纯水毕竟占绝大部分，因此有必要首先介绍纯水的某些特性，然后再讨论海水的情况。

1. 水分子的结构特殊

水分子是由一个氧原子和两个氢原子组成的。假如两个氢原子和氧原子如图3-1

所示简单地结合在一起,那么,正、负电荷的极性可恰好抵消。但是水分子的结构却如图 3-2 所示呈不对称结构,正、负电荷的极性不能相互抵消,所以水分子是极性分子。各水分子之间因极性又互相结合,形成比较复杂的水分子,但水的化学性质并未改变,这种现象称为水分子的缔合。缔合分子与温度有关,温度升高时促使缔合分子离解,温度降低时有利于分子缔合,从而导致水与其他液体或其他氧族元素的氢化物相比,在性质上产生异常。

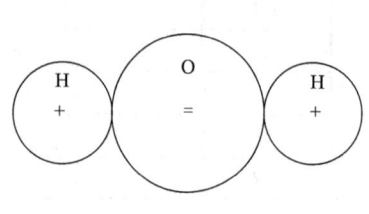

图 3-1　氢原子和氧原子的简单配置　　　　图 3-2　水分子的结构

2. 水的溶解力很强

水是一种很好的溶剂,溶解能力很强。其原因是水分子有很强的极性,容易吸引溶质表面的分子或离子,使其脱离溶质的表面进入水中。海水正是水溶解了许多物质的一种复杂溶液,所以其性质与纯水有差异。

3. 水的密度变化反常

热胀冷缩是一般物质的性质。纯水在大气压力下,温度 4℃ 时密度最大,等于 $1000kg/m^3$;在 4℃ 以上时,密度随温度的降低而增大,但在 4℃ 以下时却随温度的降低而减小,即所谓反常膨胀。水结冰时体积增大,密度减小,可达 $916.7kg/m^3$,所以冰总是浮在水面上。

水的密度随温度的这种不正常变化,是由水分子的缔合造成的。因为温度低于 4℃ 时,有利于水分子的缔合;冻结为冰时,这些水分子则全部缔合成一个巨大的分子缔合体,称为分子晶体。由于其晶格结构排列松散,因此密度减小。当水温从 0℃ 升至 4℃ 以前,主要过程是较大的缔合分子逐渐地离解成为较小的缔合分子,所以体积收缩,密度增大;高于 4℃ 以后,由于水分子的热运动加强,导致体积膨胀,所以密度又随温度的增高而减小。因此纯水在 4℃ 时具有最大的密度。

4. 水的热性质特殊

与其他液体相比,水的热性质有许多异常。同是氧族的氢化物,但水(H_2O)与 H_2S、H_2Se 和 H_2Te 相比,水的熔点、沸点、比热容、蒸发潜热和表面张力值等都比氧的同族化合物高。例如,在同族化合物中,一般是随着相对分子质量的增大,其熔点和沸点温度相应升高。水的相对分子质量最小,其理论上的熔点和沸点应分别为－90℃和－80℃左右,而实际上却分别为0℃和100℃。其原因就在于在熔化和汽化时,缔合分子的离解需要消耗较多的能量。

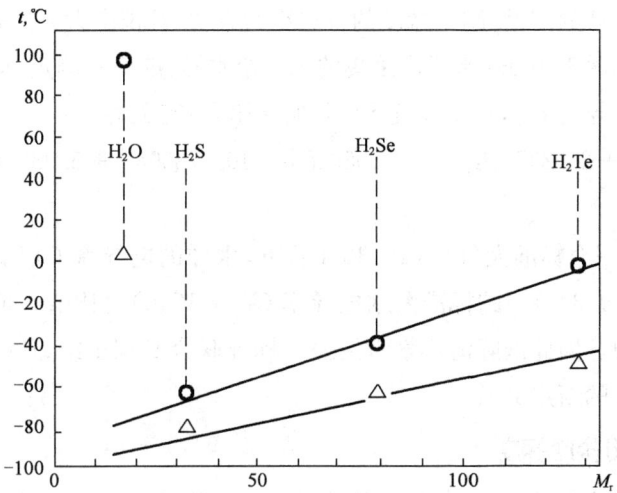

图3-3　氧族元素氢化物相对分子质量 M_r 与其沸点(圆圈)和熔点(三角形)的关系

二、海水的盐度

海水中的含盐量是海水浓度的标志,海洋中的许多现象和过程都与其分布和变化息息相关。但要精确地测定海水中的绝对盐量是一件十分困难的事情。长期以来,人们对此进行了广泛的研究和讨论,引进了"盐度"以近似地表示海水的含盐量。

1. 基于化学方法的盐度的首次定义

1902年,Knudsen等人基于化学分析测定方法,定义盐度为:"1kg海水中的碳酸盐全部转换成氧化物,溴和碘以氯当量置换,有机物全部氧化之后所剩固体物质的总克数。"单位是g/kg,用符号‰表示。

按上述方法测定盐度相当繁琐。考虑到1891年马赛特发现"海水组成恒定性"——海水中的主要成分在水样中的含量虽然不同,但它们之间的比值是近似恒定的,据此,如果能测定出海水中某一主要成分的含量,便可推算出海水盐度。

已知海水中的氯含量最多,且可方便地用 $AgNO_3$ 滴定法加以测定,基于海水组成恒定性规律,归纳出用测定海水氯含量的方法来计算盐度 $S‰$ 的公式:

$$S‰ = 0.030 + 1.8050 Cl‰ \tag{3-2}$$

式(3-2)称为Knudsen盐度公式。式中,Cl‰称为海水的"氯度",即1kg海水中的溴和碘以氯当量置换,氯离子的总克数,单位是g/kg,用符号‰表示。可见,氯度的量值要稍大于海水的实际氯含量。

用 $AgNO_3$ 滴定法测定海水的氯度时,需要知道 $AgNO_3$ 的浓度,国际上统一使用一种其氯度值精确为 19.374‰ 的大洋水作为标准,称为标准海水,其盐度值对应为 35.000‰。

2. 盐度的重新定义

随着电导盐度计的问世,测定盐度的方法更为方便,且精度大为提高。考克斯等对由大洋和不同海区不深于 100m 水层内采集的 135 个水样,准确地测定其氯度值计算盐度,同时测定水样的电导比 R_{15},得出盐度 $S‰$ 与电导比 R_{15} 有关系式:

$$S‰ = -0.08996 + 28.29720 R_{15} + 12.80832 R_{15}^2 - 10.67869 R_{15}^3 + 5.98624 R_{15}^4 - 1.32311 R_{15}^5 \tag{3-3}$$

式中,R_{15} 为 15℃,一个标准大气压(101325Pa)下,水样的电导率 $C(S,15,0)$ ❶ 与盐度为 35.000‰($Cl‰=19.374‰$)的标准海水电导率 $C(35,15,0)$ 之比值。依此方法测定盐度的精度高且速度快。因此国际海洋学常用表和标准联合专家小组(JPOTS)于 1969 年推荐该式为海水盐度的新定义。

3. 1978 年实用盐度标度

为使盐度的测定脱离对氯度测定的依赖,JPOTS 又提出了 1978 年实用盐度标度(thePracticalSalinityScale,1978),并建立了计算公式,编制了查算表,自 1982 年 1 月起在国际上推行。

1)建立实用盐度的固定参考点

实用盐度仍然是用电导率测定的。为使海水的盐度值与氯度脱钩,所以选择一种精确浓度的氯化钾(KCl)溶液作为可再制的电导标准,用海水相对于 KCl 溶液的电导比来确定海水的盐度值。

为保持盐度历史资料与实用盐度资料的连续性,仍采用原来氯度为 19.374‰ 的国际标准海水为实用盐度 35.000‰ 的参考点。配制一种浓度为 32.4356‰ 高纯度的 KCl 溶液,它在一个标准大气压力下,温度为 15℃ 时,与氯度为 19.374‰(盐度为 35.000‰)的国际标准海水在同压同温条件下的电导率恰好相同,它们的电导比为:

$$K_{15} = \frac{C(35,15,0)}{C(32.4356,15,0)} = 1 \tag{3-4}$$

式中,K_{15} 是在一个标准大气压力下,温度 15℃ 时,海水样品的电导率与标准 KCl 溶液的电导率之比。也就是说,当 $K_{15}=1$ 时,标准 KCl 溶液的电导率对应盐度为 35.000‰,把这一点作为实用盐度的固定参考点。

2)实用盐度的计算公式

$$S = \sum_{i=0}^{5} a_i K_{15}^{i/2} \tag{3-5}$$

---

❶ $C(S,15,0)$ 中的 S 表示盐度,15 表示 15℃,0 表示在盐度为 S、15℃ 下的基准值。

式中，$a_0=0.0080, a_1=-0.1692, a_2=25.3851, a_3=14.0941, a_4=-7.0261, a_5=2.7081$；$\sum_{i=0}^{5} a_i = 35.0000$，适用范围为 $2 \leqslant S \leqslant 42$。

实用盐度不再使用符号"‰"，因而实用盐度是旧盐度的 1000 倍。

由于海水的绝对盐度（S_A）——海水中溶质的质量与海水质量之比值，是无法直接测量的，它与测定的盐度 S 显然有差异，因此称 S 为实用盐度（PSV）。

3）在任意温度 t 的条件下测定电导比 R_t，其计算盐度的公式为：

$$S = \sum_{i=0}^{5} a_i R_t^{i/2} + \Delta S \quad (3-6)$$

其中

$$\Delta S = \frac{t-15}{1+K(t-15)} \sum_{i=0}^{5} b_i R_t^{i/2}$$

式中，ΔS 为温度变化引起的盐度改正值。系数 a_i 的值与式（3-5）中相同。系数 b_i 分别为：$b_0=0.0005, b_1=-0.0056, b_2=-0.0066, b_3=-0.0375, b_4=0.0636, b_5=-0.0144$，且 $\sum_{i=0}^{5} b_i = 0.0000$。$K=0.0162$。

4）利用 CTD 现场观测资料计算海水盐度的方法

利用 CTD 观测到的电导率是在其盐度为 S，温度为 t（℃），压力为 p（kPa）的情况下取得的，记为 $C(S,t,p)$。因此，不能直接利用式（3-5）和式（3-6）计算其实用盐度，必须经过适当处理。实际工作中可直接根据国际海洋学常用表查算。

回顾海水盐度的初始定义，它似乎更应该属于海水化学范畴。但海水却因为有了盐度，性质产生诸多异常，海水运动也迥然特殊，因此使盐度成了物理海洋学中的重要参数。正因为它重要，世界海洋学者和机构才反复研究屡予定义。

三、海水的热性质

海水的热性质一般指海水的热容、比热容、热膨胀、压缩性、绝热温度梯度、位温、蒸发潜热、饱和水汽压、热传导系数、沸点、冰点等。它们都是海水的固有性质，是温度、盐度、压力的函数。它们与纯水的热性质多有差异，这是造成海洋中诸多特异的原因之一。

1. 热容和比热容

海水温度升高 1K（或 1℃）时所吸收的热量称为热容，单位是焦耳每开尔文（记为 J/K）或焦耳每摄氏度（记为 J/℃）。

单位质量海水的热容称为比热容，单位为焦耳每千克每摄氏度，记为 J/(kg·℃)。在一定压力下测定的比热容称为比定压热容，记为 c_p；在一定体积下测定的比热容称为比定容热容，用 c_V 表示。海洋学中最常使用前者。

c_p 和 c_V 都是海水温度、盐度与压力的函数。由于比热容在海洋学中具有重要意义，因此许多学者对 c_p 的计算进行了深入的研究。表 3-3 是气压为 101325Pa 时海面的比

热容 c_p。可以看出，c_p 值随盐度的增高而降低，但随温度的变化比较复杂。大致规律是在低温、低盐时，c_p 值随温度的升高而减小，在高温、高盐时，c_p 值随温度的升高而增大。例如，在盐度 $S>30$，温度 $t>10℃$ 时，c_p 值则全部随温度的升高而增大。

表 3-3　气压为 101325Pa 时海面的比热容 c_p　　　单位：10^3J/(kg·℃)

S	t,℃								
	0	5	10	15	20	25	30	35	40
0	4.2174	4.1812	4.1466	4.1130	4.0804	4.0484	4.0172	3.9865	3.9564
5	4.2019	4.1679	4.1354	4.1038	4.0730	4.0428	4.0132	3.9842	3.9556
10	4.1919	4.1599	4.1292	4.0994	4.0702	4.0417	4.0136	3.9861	3.9590
15	4.1855	4.1553	4.1263	4.0982	4.0706	4.0437	4.0172	3.9912	3.9655
20	4.1816	4.1526	4.1247	4.0975	4.0709	4.0448	4.0190	3.9937	3.9688
25	4.1793	4.1513	4.1242	4.0977	4.0717	4.0462	4.0210	3.9962	3.9718
30	4.1782	4.1510	4.1248	4.0992	4.0740	4.0494	4.0251	4.0011	3.9775
35	4.1779	4.1511	4.1252	4.0999	4.0751	4.0508	4.0268	4.0031	3.9797
40	4.1783	4.1515	4.1256	4.1003	4.0754	4.0509	4.0268	4.0030	3.9795

比定容热容 c_V 的值略小于比定压热容 c_p。一般而言，c_p/c_V 为 $1\sim1.02$。

海水的比热容为 3.89×10^3J/(kg·℃)，在所有固体和液态物质中是名列前茅的，其密度为 1025kg/m³，而空气的比热容为 1×10^3J/(kg·℃)，密度为 1.29kg/m³。也就是说，1m³ 海水降低 1℃ 放出的热量可使 3100m³ 的空气升高 1℃。地球表面积近 71% 为海水所覆盖，可见海洋对气候的影响是不可忽视的。也正因为海水的比热容远大于大气的比热容，因此海水的温度变化缓慢，而大气的温度则变化剧烈。

2. 热膨胀

在海水温度高于最大密度温度时，若再吸收热量，除增加其内能使温度升高外，还会发生体积膨胀，其相对变化率称为海水的热膨胀系数。即当温度升高 1K(1℃) 时，单位体积海水的增量，以 η 表示，在恒压、定盐的情况下：

$$\eta = \frac{1}{v}\left(\frac{\partial V}{\partial t}\right)_{p,S} \quad (3-7)$$

或

$$\eta = \frac{1}{a}\left(\frac{\partial a}{\partial t}\right)_{p,S} \quad (3-8)$$

式中，η 的单位为 $℃^{-1}$。它是海水温度、盐度和压力的函数。a 为海水的比体积（单位体积的质量），在海洋学中习惯称为比容。海水的热膨胀系数比纯水的大，且随温度、盐度和压力的增大而增大；在大气压力下，低温、低盐海水的热膨胀系数为负值，说明当温度升高时海水收缩。热膨胀系数由正值转为负值时所对应的温度，就是海水最大密度的温度 $t_{\rho\max}$，它也是盐度的函数，随海水盐度的增大而降低。有经验公式为：

$$t_{\rho\max} = 3.95 - 2.0\times10^{-1}S - 1.1\times10^{-3}S^2 + 0.2\times10^{-4}S^3 \quad (3-9)$$

海水的热膨胀系数比空气的小得多，因此由海水温度变化而引起海水密度的变化，进而导致海水的运动速度远小于空气。

值得注意的是,海水的热膨胀系数随压力的增大在低温时更为明显。例如,盐度为35的海水,若温度为0℃,在1000m深处($p\approx10.1$MPa)的热膨胀系数比在海面的热膨胀系数大6×10^{-2},而温度为20℃时,则仅大4×10^{-2}(图3-4)。所以,上述影响在高纬度海域更显著。

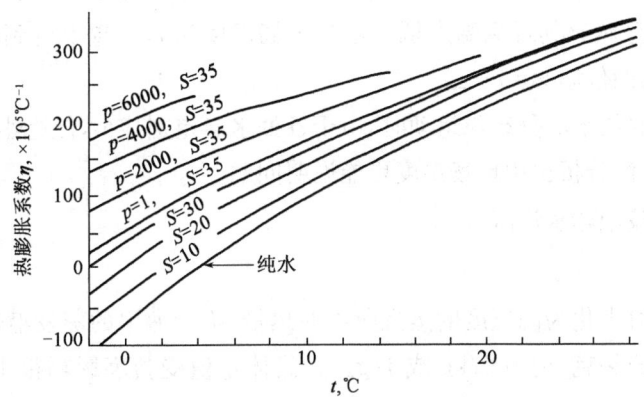

图3-4 在不同压力下纯水与海水的热膨胀系数随温度变化
p—压力,atm;S—盐度,无量纲

3. 压缩性、绝热温度和位温

1)压缩性

单位体积的海水,当压力增加1Pa时,其体积的负增量称为压缩系数。若海水微团在被压缩时,和周围海水有热量交换而得以维持其水温不变,则称为等温压缩。定盐条件下的等温压缩系数β_t为:

$$\beta_t = -\frac{1}{\alpha}\left(\frac{\partial \alpha}{\partial p}\right)_{S,t} \tag{3-10}$$

式中,β_t的单位为Pa^{-1},α为海水的比容。

若海水微团在被压缩过程中,与外界没有热量交换,则称为绝热压缩。

海水的压缩系数随温度、盐度和压力的增大而减小。与其他流体相比,其压缩系数是很小的。因此在动力海洋学中,为简化求解,常把海水看作不可压缩的流体。但在海洋声学中,压缩系数却是重要参量。由于海洋的深度很大,受压缩的量实际上是相当可观的。若海水真正不可压缩,那么,海面将会升高30m左右。

2)绝热温度梯度

由于海水的压缩性,当一海水微团作铅直位移时,因其深度的变化导致所受压力的不同,将使其体积发生相应变化。在绝热下沉时,压力增大使其体积缩小,外力对海水微团做功,增加其内能导致温度升高;反之,当绝热上升时,体积膨胀,消耗内能导致温度降低。上述海水微团内的温度变化称为绝热温度变化。海水绝热温度变化随压力的变化率称为绝热温度梯度,以Γ表示。由于海洋中的现场压力与水深有关,所以Γ的单位可以用开尔文每米

(K/m)或摄氏度每米(℃/m)表示。它也是温度、盐度和压力的函数,可通过海水状态方程和比热容计算或直接测量而得到。海洋的绝热温度梯度很小,平均约为0.11℃/km。

3) 位温

海洋中某一深度(压力为 p)的海水微团,绝热上升到海面(压力为大气压 p_0)时所具有的温度称为该深度海水的位温,记为 Θ。海水微团此时的相应密度,称为位密,记为 ρ_Θ。

海水的位温显然比其现场温度低。若其现场温度为 t,绝热上升到海面温度降低了 Δt,则该深度海水的位温 $\Theta = t - \Delta t$。

在分析大洋底层水的分布与运动时,由于各处水温差别甚小,但绝热变化效应往往明显起来,所以用位温分析比用现场温度更能说明问题。

4. 蒸发潜热及饱和水汽压

1) 蒸发潜热

使单位质量海水化为同温度的蒸汽所需的热量,称为海水的蒸发潜热,以 L 表示,单位是焦耳每千克或每克,记为 J/kg 或 J/g。其具体量值受盐度影响很小,与纯水非常接近,可只考虑温度的影响。其计算方法有许多经验公式,迪特里希给出了相应的公式:

$$L = (2502.9 - 2.720t) \times 10^3 \quad \text{(J/kg)} \quad (3-11)$$

该公式的适用范围为 0~30℃。

在液体物质中,水的蒸发潜热最大,海水亦然。伴随海水的蒸发,海洋不但失去水分,同时将失去巨额热量,由水汽携带而输向大气内。这对海面的热平衡和海上大气状况的影响很大。例如,发生在热带海洋上的热带气旋,其生成、维持和不断增强的机制之一,是"暖心"的生成和维持。"暖心"最重要的热源,是海水蒸发时,携带巨额热量的水汽进入大气后凝结而释放出来的热量。

海洋每年由于蒸发平均失去 126cm 厚的海水,从而使气温发生剧烈的变化。但由于海水的热容很大,从海面至 3m 深的薄薄一层海水的热容就相当于地球上大气的总热容,因此,水温变化比大气温度变化缓慢得多。

2) 饱和水汽压

对于纯水而言,所谓饱和水汽压,是指水分子由水面逃出和同时回到水中的过程达到动态平衡时,水面上水汽所具有的压力。蒸发现象的实质就是水分子由水面逃逸而出的过程。

对于海水而言,由于盐度存在,则单位面积海面上平均的水分子数目要少,减少了海面上水分子的数目,因而使饱和水汽压降低,限制了海水的蒸发。海面的蒸发量与海面上水汽的饱和差(相对于表面水温的饱和水汽压与现场实际水汽压之差)成比例,所以海面上饱和水汽压小,就不利于海水的蒸发。这样一来,海洋因蒸发而损失的水量和热量就相对减少了。

5. 热传导系数

相邻海水温度不同时,由于海水分子或海水块体的交换,会使热量由高温处向低温处转移,这就是热传导。单位时间内通过某一截面的热量,称为热流率,单位为瓦特(W)。单位面积的热流率称为热流率密度,单位是瓦特每平方米,记为 W·m^{-2}。其量值的大小除与海水本身的热传导性能密切相关之外,还与垂直于该传热面方向上的温度梯度有关,即:

$$q = -\lambda \frac{\partial v}{\partial n} \tag{3-12}$$

式中,n 为热传导面的法线方向,λ 为热传导系数,单位是 W/(m·℃)。仅由分子的随机运动引起的热传导,称为分子热传导,分子热传导系数 λ_t 为 10^{-1} 量级。例如,在 101325Pa 和 10℃时,纯水的 $\lambda_t=0.582$W/(m·℃),30℃时,$\lambda_t=0.607$W/(m·℃),即随温度的升高热传导系数增大。水的分子热传导系数在液体中除汞之外是最大的。由于水的比热容很大,所以尽管其热导性好,但水温的变化相当迟缓。海水的分子热传导系数 λ_t 比纯水的稍低,且随盐度的增大略有减小。λ_t 主要与海水的性质有关。

若海水的热传导是由海水块体的随机运动所引起,则称为涡动热传导或湍流热传导。涡动热传导系数 λ_A 主要和海水的运动状况有关。因此,在不同季节、不同海域中 λ_A 有较大差别,其量级一般为 $10^2 \sim 10^3$。所以涡动热传导在海洋的热量传输过程中起主要作用,而分子热传导只占次要地位。例如,据计算,在温度 0℃的海洋中,如果海面温度保持 30℃,单靠分子热传导,则需要 1000 年的时间,才能在 300m 的深度上使温度上升到 3℃。

6. 沸点和冰点

海水的沸点和冰点与盐度有关,即随着盐度的增大,沸点升高而冰点下降。在海洋中,人们关心的是海水的冰点随温度的变化。Dotherty 等给出了关系式:

$$t_f = -0.0137 - 0.051990S - 0.00007225S^2 - 0.000758Z \tag{3-13}$$

式中　t_f——冰点温度,℃;

Z——海水的深度,m。

在上述基础上,Millero 等(1976)又提出了新的公式:

$$t_f = -0.0575S + 1.715023 \times 10^{-3} S^{3/2} - 2.154996 \times 10^{-4} S^2 - 7.53 \times 10^{-8} p \tag{3-14}$$

式中,S 为实用盐度,p 的单位为帕(Pa)。

虽然海水最大密度温度 $t(\rho_{max})$ 与冰点温度 t_f 都随盐度的增大而降低,但前者降得更快。当 $S=24.695$ 时,两者的对应温度皆为 -1.33℃,当盐度再增大时,$t(\rho_{max})$ 就低于 t_f 了。

第三节　海水的化学性质

一、微量元素

海水中除了 14 种主要元素(O、H、Cl、Ca、Mg、S、K、Br、C、S、Sr、B、Si、F)的浓度大于

1×10^{-6} mg/kg 外,其余所有元素的浓度均低于此值,因此可以把这些元素称为微量元素。当然,这仅是对海水的组分而言,与通常意义的微量元素不同。例如,Fe 和 Al 在地壳中的含量很高,而在海水中含量很低,它们是海水中的微量元素。

海水中的微量元素过去研究不多,现在则因为它们和环境污染有重要关系,所以研究日益广泛,例如国际海洋勘探十年计划调查污染的形成和污染物迁移等。海水中的微量元素的循环和平衡过程是极为复杂的。其来源主要有河流的输入、大气沉降、海底热泉等,它在海水中涉及的平衡有络合、螯合、氧化还原平衡、生物吸收、颗粒物的吸附与解吸等。微量元素的循环为海洋化学研究提供了研究的新内容。

对海水微量元素的研究首先是分析测定问题。有些方法的灵敏度虽然很高,但是不一定能得到正确的结果。因为海水中微量元素的含量极低,有些甚至低于蒸馏水的含量,所以采样、储存以及容器的污染都会产生很大的误差。为此,首先采样过程要防止污染,样品的前处理和分析测定均应在洁净实验室进行,也要考虑容器、试剂等对测定结果的影响。另外,要经常进行实验室的互校工作,以保证测定质量。

1. 微量元素在海水中的存在形式和形态

元素在海水中的存在形式和形态与其在海洋的地球化学、生物及化学过程有密切关系,如 Cr 在海水中以 CrO_4^{2-} 形式存在较为稳定,而以 Cr^{3+} 形式则易被吸附沉淀到海底沉积物中。又如海水中的 Cd 有四种形式:Cd^{2+},$CdCl^+$,$CdCl_3^-$,$CdCl_2$,颗粒物和胶体对不同形式的 Cd 的吸附和离子交换显然是不同的。不同形式的金属毒性也大不相同,6 价铬毒性大于 3 价铬,Cu^{2+} 和 $Cu(OH)^+$ 毒性大于有机络合的铜,甲基汞的毒性远大于无机汞。溶于海水中的自由离子及有机、无机络合物在水体中比在悬浮物和颗粒物中更稳定。一般微量元素在海水中的形态可以分为以下几种类型:

(1)弱酸在海水中的离解;

(2)变价元素在海水中的氧化还原平衡;

(3)微量元素在海水中的有机络合物和无机络合物;

(4)生物合成的有机物;

(5)海水中的有机物及无机颗粒物。

2. 海水的氧化还原电位

海水中的微量元素有的只有一种价态,如银、锌;有的元素特别是过渡元素有多种价态,如铁的 2 价、3 价,铬的 3 价、6 价等。微量元素的价态与其在海洋中的转移及地球化学循环有关,如 6 价铬和 2 价铁在水体中较稳定,3 价铁和 3 价铬则易于沉积到海底。元素的价态与其毒性密切相关,6 价铬的毒性比 3 价铬的毒性大得多。通过对海水氧化还原电位的研究,可以推测平衡状态下变价元素的价态情况。

假设海水是一个氧化还原的平衡体系,其每对氧化—还原平衡半电池反应为:

$$a_{ox} + ne^- \longrightarrow a_{red} \tag{3-15}$$

式中 a_{ox}——银、锌等过渡元素的某种价态；

a_{red}——银、锌等过渡元素发生氧化还原后的某种价态。

电极电位可以表示为：

$$E_h = E_0 - \frac{RT}{nF}\ln\frac{a_{red}}{a_{ox}} = E_0 - 2.303\frac{RT}{nF}\lg\frac{a_{red}}{a_{ox}} \tag{3-16}$$

式中 E_h——电极电位，V；

E_0——标准电极电位，V；

R——气体常数，8.31441J/(mol·K)；

T——绝对温度，K；

n——参与电极反应的电子数；

F——法拉第常数，96486.7C/mol。

因此，海水的 E_h 可以由任意一个氧化还原电位求得。假如海水未平衡，则氧化还原电位取决于海水中起主要作用的氧化还原电位。

在25℃时，$2.303\frac{RT}{F}=0.059$(V/mol)，类似pH值的定义把pE定义为pE$=-\lg a_e$，其中，a为参与化学反应各物质的活度，e为常数2.732，这样pE可以表示氧化还原能力的强弱。pE低，则电子活度大，还原能力强，海水处于强还原条件；反之则是处于强氧化条件。25℃时，pE$=E_h/0.059$，pE$_0=E_{h0}/0.059$。

二、海水中的放射性同位素

海洋的放射性来源于天然放射性核素和人工放射性核素。

1. 天然放射性核素

天然放射性核素由三部分组成。

(1) 三大天然放射系——海水中，目前已发现 U、Pa、Th、Ac、Ra、Fr、Rn、Po、Bi、Pb、Tl 等 11 种元素计 38 种核素，它们属于铀系、锕系、钍系三大天然放射系，其中钍就有 ^{227}Th、^{228}Th、^{230}Th、^{231}Th、^{232}Th、^{234}Th 等6种。

(2) 宇宙射线与大气元素或其他物质作用的产物——目前，已知这些产物有 ^{3}H、^{7}Be、^{14}C、^{26}Al、^{32}Si、^{32}P、^{33}P、^{35}S、^{35}Cl、^{37}Cl 和 ^{39}Ar 等，其中 ^{3}H 和 ^{14}C 是由下列作用而产生的：

$$^{14}N + ^1n \longrightarrow ^{12}C + ^3H \tag{3-17}$$

$$^{14}N + ^1n \longrightarrow ^{14}C + ^1H \tag{3-18}$$

中子的来源是大气中 N_2 与 O_2 在宇宙射线作用下，原子核发生裂变而产生。

宇宙射线是一种高速质子流。由于这种作用，在全球储存的氚已达 3.5kg，储存的

^{14}C 已达 75 t。

(3) 海洋中不成系的长寿命放射性核素——有 ^{176}Lu、^{147}Sm、^{138}La、^{87}Rb、^{68}Ca、^{40}K 等,其浓度为 $10^{-4}\sim10^{-12}$ g/L,半衰期长达 $10^9\sim10^{16}$ a。

2. 人工放射性核素

人工放射性核素主要来源有四个方面。

(1) 核武器爆炸。强烈的核爆炸给大气、海洋、土壤带来严重的放射性污染,其产生的放射性核素来源于裂变产物、活化产物和残余物。

裂变产物是指 ^{235}U、^{239}Pu 分裂所形成的放射性碎片,裂变产物主要有 ^{89}Sr、^{90}Sr、^{90}Y、^{95}Zr、^{95}Nb、^{103}Ru、^{106}Ru、^{131}I、^{137}Cs、^{140}Ba、^{141}Ce、^{144}Ce 等。

活化产物是指核爆炸时生成的大量中子与空气、弹壳、土壤等物质发生核反应所产生的放射性核素,主要有 ^{32}P、^{35}S、^{51}Cr、^{54}Mn、^{55}Fe、^{59}Fe、^{57}Co、^{58}Co、^{60}Co、^{65}Zn、^{14}C、^{3}H 等。如进行水下爆炸,产生的活化产物有 ^{35}Cl、^{45}Ca、^{35}S、^{82}Br、^{24}Na、^{27}Mg、^{42}K 等。

残余物是指由于核反应不完全而剩下的放射性核燃料。

空中核爆炸产生大量放射性降落灰(尘埃),这些降落灰进入海洋,是人工放射性的来源之一,最重要的降落灰元素有 ^{90}Sr、^{137}Cs 和 ^{55}Fe,其次是 ^{65}Zn、^{60}Co、^{95}Zr—^{95}Nb、^{103}Ru—^{103}Rh、^{106}Ru—^{106}Rh、^{141}Ce、^{144}Ce 等。近年来,由于禁止大气层核试验,直接来源于核爆炸的海洋放射性污染已明显减少。

(2) 核动力舰船和原子能工厂排放的放射性废物。核舰艇开动后能产生多种放射性废物,包括放射性液体、树脂及固体废物等。主要有用过的燃料元件内的裂变产物和初级冷却剂中的腐蚀物,这些腐蚀物是被中子活化而生成放射性的活化产物,另外还包括为净化放射性冷却剂而使用的离子交换树脂等。在核潜艇反应堆冷却水中就含有 ^{18}F、^{24}Na、^{51}Cr、^{66}Mn、^{60}Co、^{65}Ni、^{89}Sr、^{90}Sr、^{131}I、^{137}Cs、^{140}Ba、^{144}Ce 等放射性核素。

目前,全世界有近 500 座核电站,其中约有一半在海边,将放射性废物排入海洋最典型的例子是美国汉福特原子能工厂和英国温茨凯原子能工厂。这些工厂以每年几十万居里的放射性活度向河流及大海排放,造成严重的区域性放射性污染。

(3) 高水平固体放射性废物向海洋的投放。自 1946 年以来,美国等核大国向太平洋等海域投放数以万计各种类型装有放射性废物的包装容器,估计放射性活度达 1.5×10^4 Ci。这些海底储罐一旦破裂,高水平的放射性废物即能直接污染大片海域,因为深海海水也在运动,其铅直交换速度也相当快,且深海还有生物,这些生物也能作一定距离的铅直运动,它们能成为放射性核素的运载者。

(4) 放射性核素的应用和事故。放射性核素在医学、科研上的应用日益广泛,在太空航行器、同位素能源发生器中都应用放射性材料,这些都有可能造成环境放射性污染;核潜艇和卫星火箭失事乃是导致海洋核污染的原因之一,核潜艇的反应堆有上百万居里放射性物质,一旦反应堆外壳破裂、泄漏,所造成的核污染将会十分严重。

思 考 题

1. 简述海水的起源。
2. 简述海水的性质与溶存形式。
3. 简述海水的盐度。
4. 何谓海水的压缩性、绝热温度变化和位温?
5. 简述海水的化学性质。

第四章 海洋作业环境

第一节 风 暴 潮

一、风暴潮的定义

风暴潮是来自海上的一种巨大的自然界灾害现象,它是指由于强烈的大气扰动(如强风和气压骤变)所导致海面异常升高的现象。它通常是与天文潮一起出现,特别是若恰好赶上了高潮阶段,则往往会导致其影响所及的海域水位暴涨,乃至海水浸溢内陆,酿成巨灾。

二、风暴潮的分类

风暴潮分类的方法并不唯一。如果按照诱发风暴潮的大气扰动特征分类,通常把风暴潮分为由热带风暴(如台风、飓风等)所引起的和由温带气旋所引起的两大类。

1. 热带风暴引起的风暴潮

热带风暴在其所路经的沿岸带都可能引起风暴潮,以夏、秋季为常见。经常出现这种潮灾的地域非常之广,包括北太平洋西部、南海、东海、北大西洋西部、墨西哥湾、孟加拉湾、阿拉伯海、南印度洋西部、南太平洋西部诸沿岸和岛屿等处。如日本沿岸,因受太平洋西部台风的侵袭,遭受风暴潮灾害颇多,特别是面向太平洋及东中国海的诸岛更易遭受潮灾。中国东南沿海也频频遭受台风潮的侵袭。在墨西哥湾沿岸及美国东岸遭受由加勒比海附近发生的飓风的侵袭而酿成飓风潮。印度洋发生的热带风暴,通常称为旋风,旋风也诱发风暴潮,如孟加拉湾的风暴潮,其势是举世罕见的。

当热带风暴所引起的风暴潮传到大陆架或港湾中时,将呈现出一种特有的现象,它大致可分为三个阶段。

(1)第一阶段——在台风或飓风还远在大洋或外海的时候,亦即在风暴潮尚未到来以前,在验潮曲线中往往已能觉察到潮位受到了相当的影响,有时可达到20cm或30cm波幅的缓慢波动。这种在风暴潮来临前趋岸的波,谓之"先兆波"。先兆波可以表现为海面的微微上升,有时也表现为海面的缓缓下降。必须指出,先兆波并非是必然呈现和存在的现象。

(2)第二阶段——风暴已逼近或过境时,该地区将产生急剧的水位升高,潮高能达到数米,称之为主振阶段,风暴潮灾主要是在这一阶段。但这一阶段时间不太长,一般为数小时或一天。

(3)第三阶段——当风暴过境以后,即主振阶段过去之后,往往仍然存在一系列的振动——假潮或(和)自由波。在港湾乃至大陆架上都会发现这种假潮;特别是当风暴平行于海岸移行的时候,在大陆架上,往往显现出一种特殊类型的波动——边缘波。这一系列的事后的振动,谓之"余振",可长达2~3天。这个余振阶段的最危险情形在于它的高峰若恰巧与天文潮高潮相遇时,则实际水位(即余振曲线对应地叠加上潮汐预报曲线)完全有可能超出了该地的警戒水位,从而再次泛滥成灾。

2. 温带气旋引起的风暴潮

温带气旋引起的风暴潮主要发生于冬、春季节。北海和波罗的海沿岸的风暴潮即如此。此外,美国东岸也有这种类型的风暴潮。

上述两类风暴潮的明显差别在于:由热带风暴引起的风暴潮,一般伴有急剧的水位变化;而由温带气旋引起的风暴潮,其水位变化是持续的而不是急剧的。可以认为,这是由于热带风暴比温带气旋移动迅速,而且其风场和气压变化也来得急剧的缘故。

此外,尚存在另一种类型的风暴潮,可以说是渤海、黄海所特有的。在春、秋过渡季节,渤海和北黄海是冷、暖气团变化较激烈的地域,由寒潮或冷空气所激发的风暴潮,其特点为水位变化持续而不急剧。由于寒潮或冷空气不具有低压中心,因而可称这类风暴潮为风潮。

三、中国的风暴潮

中国沿岸常有台风或寒潮大风的袭击,是一个风暴潮危害严重的国家。据统计,渤海湾至莱州湾沿岸,江苏小羊口至浙江北部海门港及浙江省温州、台州地区,福建省宁德地区至闽江口附近,广东省汕头地区至珠江口,雷州半岛东岸和海南岛东北部等岸段是风暴潮的多发区。中国有验潮记录以来的最高风暴潮记录是5.94m,名列世界第三位,是由8007号台风(Joe)在南渡引起的。

中国风暴潮一般具有以下特点:

(1)一年四季均有发生。夏季和秋季,台风常袭击沿海而引起台风潮(Typhoon-surge),但其多发区和严重区集中在东南沿海和华南沿海。冬季的寒潮大风、春秋季的冷空气与气旋配合的大风及气旋影响,也常在北部海区,尤其是渤海湾和莱州湾产生强大的风暴潮。

(2) 发生的次数较多。

(3) 风暴潮位的高度较大。

(4) 风暴潮的规律比较复杂,特别是在潮差大的浅水区,天文潮与风暴潮具有较明显的非线性耦合效应,致使风暴潮的规律更为复杂。

风暴潮会淹没农田、冲垮盐场、摧毁码头、破坏沿岸的国防和工程设施,给国防、工农业生产和国民经济带来巨大损失。无疑,如能及时准确地预报,将会把损失减少到最低程度。因此,风暴潮的发生、发展和衰亡等物理机制的研究,特别是风暴潮预报方法的探讨,确实具有迫切的现实意义。

四、风暴潮的预报

风暴潮预报一般可分为两大类:一是经验统计预报(简称经验预报),二是动力—数值预报(简称为数值预报)。

(1) 风暴潮经验统计预报主要用回归分析和统计相关,来建立指标站的风和气压与特定港口风暴潮位之间的经验预报方程或相关图表。其优点是简单、便利、易于学习和掌握,且对于某些单站预报能有较高精度。但它必须依赖于这个特定港口的充分长时间的验潮资料及有关气象站的风和气压的历史资料,以便回归出一个在统计学意义上的稳定的预报方程。对于那些没有足够长时间资料的沿海地域,得出的经验预报方程可能是不稳定的。对于那些缺乏历史资料的风暴潮灾的沿岸地区,这种经验统计预报方法根本无法使用。再者,巨大的、危险性的风暴潮,相对来说总是稀少的。因而,用历史上风暴潮的资料作子样回归出的预报方程,一般会具有这样一种统计特性:它预报中型风暴潮精度较高,而用以预报最具有实际意义的、最危险的大型风暴潮,预报的极值通常比实际产生的风暴潮极值偏低。另外,经验方法制订的预报公式或相关图表只能用于这个特定港口,不能用于其他港口。这些缺点在风暴潮数值预报中都能得以避免。

(2) 风暴潮动力数值预报系指数值天气预报和风暴潮数值计算二者组成的统一整体。数值天气预报给出风暴潮数值计算时所需要的海上风场和气压场,即所谓大气强迫力的预报;风暴潮数值计算是在给定的海上风场和气压场强迫力的作用下、在适当的边界条件和初始条件下去数值求解风暴潮的基本方程组,从而给出风暴潮位和风暴潮流的时空分布,其中包括了特别具有实际预报意义的岸边风暴潮位的分布和随时间变化的风暴潮位过程曲线。无疑,这种更客观、更有效的理论预报方法是风暴潮预报当前发展的主要方向。

风暴潮灾的严重情况已引起了世界上许多沿海国家和科研机构的重视。目前,开展风暴潮观测、研究和预报工作的国家有美国、英国、德国、法国、荷兰、比利时、俄罗斯、日本、泰国和菲律宾等。中国在这方面的工作开始得较晚,除20世纪60年代的一些个别的研究以外,进入70年代后才较全面地开展了风暴潮机制和预报的研究工作。

第二节 海 浪

一、海浪及其利与害

海浪是发生在海洋表面的一种波动现象。它和风的关系十分密切,民间所谓"无风不起浪"或"无风三尺浪",就是对海浪现象的经验之谈。根据现代科学理论,海浪分为风浪、涌浪和近岸浪三种。风浪是指在风的直接作用下产生的水面波动,海面瞬时出现许多波高不同、周期不等的波浪,呈现出极其复杂的海面波动起伏状况。涌浪是在风停后海区内尚存的波浪,或传出风区以外的波浪,这种波浪外形比较规则、整齐,波面比较圆滑,波峰线长。近岸浪则是由外海的风浪或涌浪传到海岸附近,因受地形影响而改变波动性质的海浪。此外,风浪和涌浪同时出现时,还会形成混合浪。

海浪蕴藏着巨大的能量。据研究,若以世界大洋波浪平均波高1m、周期6s计算,全球海洋波能功率达7×10^{10}kW之巨,估计其中可开发利用的能量有2.7×10^{9}kW。因此,开发利用海浪能资源是一个很引人注意的问题。但是,另一方面,海浪的巨大能量也往往构成对海上活动的严重威胁。据统计,在目前世界上的海难事故中,有70%是由狂风巨浪造成的。

1969—1982年间就有15艘万吨巨轮在太平洋西北部海域遭遇巨浪而沉没。近十几年来,随着海上油气开发迅速发展,海上作业平台日益增多,因风暴浪袭击,平均每年都要损失1~2座石油平台,都造成重大经济损失和人员伤亡。

二、中国近海的海浪

中国风浪的浪向受制于风向,渤海、黄海、东海、南海均属季风区,因此冬季盛行偏北浪,夏季盛行偏南浪,春、秋季为其过渡季节。当然各海区在不同时间也有差别。

9月份,渤海首先出现偏北浪,接着是黄海,至10月可遍及东海、南海北部和中部,南海南部及泰国湾则迟至11月份。在冬季风最盛行的1月份,渤海和北黄海以西北浪和北浪为主,南黄海及东海北部以北浪居多,28°N附近北浪频率达45%,再向南,又以东北浪为多,特别是台湾海峡,东北浪频率高达70%,南海北部至西沙群岛一带也以东北浪占优势,南海南部的北浪和东北浪几乎相当。

夏季因盛行偏南风,因而以偏南浪为主。与冬季相反,它先在南海出现,再渐次向北发展。早在5月份南海南部即出现南浪,至6月份西南风盛行后,整个南海遍布西南浪。到7月份,最北的渤海也盛行偏南浪。但在琉球群岛附近却以东浪最明显,尤以7—8月为甚。

平均浪高也有明显的季节变化和区域特征。冬季因各海区平均风力最大,平均浪高亦最大。自10月份开始,各海区平均浪高渐增至1.5m以上,台湾海峡至南海中部可达2m以上,且大多能保持到翌年2月份。大浪中心分布在济州岛以南、台湾周围及南海中部,强寒潮过境时可使浪高达8m以上。

夏季整个海区的平均浪高一般都显著降低,进入6月份,渤海、黄海北部、朝鲜半岛西岸的浪高不到1m,其他海区也在1.2m以下。7—8月份,由于台风活动,南部海区的浪高有所增加,强台风过境时,可使浪高达8~10m。

风浪的周期冬季最大,12月至翌年2月,大部分海区的风浪周期在4~5s,到夏季可降至3s左右。在大浪中心海域,周期增长,如南黄海年平均周期为6s,东海、台湾周围至南海中部可达6~7s。

涌浪的分布同样与风有关,涌浪向受盛行季风影响是很明显的。10月至次年3月盛行偏北涌,在26°N以南海域又以东北涌为主。到春季风向转换之时,即开始变为偏南涌,但在4—5月份,台湾海峡及其东北海域仍保持为东北涌。至6月份,普遍盛行偏南涌。到9月份则开始向冬季型过渡。

大涌以冬季最多,范围也最大。10—12月分布在渔山列岛至大东列岛一线以南海域;1—2月分布在台湾海峡至琉球群岛以西海域。大涌中心首推台湾海峡及其附近,频率高达60%,其次是济州岛附近海区。从3月份开始,大涌区明显缩小,4—5月是全年大涌出现最少的时期。从6月开始,由于台风影响,涌浪逐渐增多增强,7—8月东海和南海形成大涌区,9月东海大涌区明显减少,而南海北部仍可维持到10月份以后。

涌浪的周期与涌高有对应关系,即大涌区、冬季各月、夏季7—8月的周期较大,过渡季节的周期小。就海区而言,一般是北部小而南部大,例如渤海几乎全年均小于4s,由黄海到东海逐渐增大,至东海南部可达7~8s。在南海,则以北部海区较大,其他海区一般年平均为5s左右。

三、海浪研究与预报

波浪研究始于19世纪。科学家利用流体力学的方法,理论上研究了液体的规则波的运动,它可以解释自然界中出现的一些波动现象,也可以用简单叠加起来说明一些较为复杂的现象。但是,实际海洋上的波浪现象并不规则,而是极其复杂的,很难以简单波动或其叠加来进行分析和表述。第二次世界大战期间,军事上的需要推动了海浪研究的发展。美国科学家斯维尔德鲁普、蒙克等人,考虑了实际海面状态的复杂性,不限制在个别的波浪,而从海面的海浪统计特性着手,提出了著名的有效波理论和方法。直至今天,世界上的许多国家仍用这种方法预报海浪。但是,有效波预报方法也存在一些缺陷,主要是它不能反映海浪的复杂变化、预报准确度也受限制。为了进一步改善海浪预报方法,提高预报准确度,科学家们开始转向海浪数值预报方法的研究。

1. 海浪谱研究

1948年,英国科学家在波浪仪器观测资料的分析研究中,第一次提出了波浪谱的概念。他们把复杂的海面波动视为由许多组成波叠加而成的,可以将它们视为许多随机的组成波的叠加,并以此来表达复杂的海面波动的变化。这个新概念与有效波不同,有效波理论虽考虑波动的统计特性,但不涉及波动的内在结构。

20世纪50年代初,Pierson最先将Rice关于无线电噪声理论应用于海浪,从此利用谱以随机过程描述海浪成为主要的研究途径。Pierson、Longuest-Higgins曾先后给出了这种描述波面的数学模型,并引入谱的概念。1952年,Neumann最先提出的迄今仍不完全失其应用意义的海浪频谱为Neumann谱,它于50—60年代应用最广。Pierson与Moscowity于1964年提出了Pierson-Moscowity谱(简称PM谱)。较之前者,其具有更充分的观测资料,并以此为依据分析方法也较为有效,因此自60年代中期以后,PM谱在海浪研究及有关的工程问题中得到广泛的应用。以后各国曾提出很多海浪谱,它们都在一定范围内应用。美国科学家提出了PNJ预报方法,采用谱能量计算,将计算的波能转换成有效波高。由于海浪谱反映了海浪的能量密度大小,可以描述海浪内部和外部结构,能更客观地表达海浪实况,所以对海浪生成机制研究和海洋工程应用具有十分重要的意义,成为海浪研究和预报发展的方向。1957年,Phillips和Miles相继提出了波浪发生发展的理论,获得学术界的基本肯定。1960年,我国的文圣常教授提出了普遍风浪谱和涌浪谱。同年,Hasselmann推出了组成波成长的普遍方程。1962年,他又详细研究了组成波之间的弱相互作用,指出波—波之间非线性相互作用在组成波间能量再分配中的重要性。随后,许多科学家也相继开展了这方面的研究,取得了不少成果,为海浪的数值预报提供了一个较好的理论基础。同时,由于电子计算机的出现,使海浪数值预报模式逐渐走向业务应用。

70年代初期,西欧一些国家为满足北海石油开发的需要,组织实施了一项JONSWAP计划,即北海海浪联合研究计划,进行了现场海浪观测和研究。研究发现,不同频率之间的波—波弱相互作用十分重要,证实了Hasselmann的理论;并根据实测资料的分析,提出了著名的JONSWAP谱。虽然这种谱较复杂,用起来也不方便,但它所依据的观测资料是相当充分的。所以,该谱不但得到海洋工程界的广泛应用,也得到许多海浪数值预报研究专家的重视。在谱与海浪要素之间的计算方面,近年来也有较大进展。以前大都用谱计算波高、周期等,现在又用谱来分析波群的特性。由于近海和海岸工程几乎大部分是由一个或几个大的波群破坏或摧毁的,所以能够计算和预报波群,对近海和沿岸建筑物的设计和防护大有益处。同时,为了提高海浪数值预报的准确度,在输入初始场时,将实测的各类波高、周期或谱作为预报模式的初始场,以减小预报浪场的误差。

2. 海浪的数值计算与预报

如上所述,海浪的计算和预报是建立在海浪生成机制研究的基础上的。目前,在这方面虽然已经取得了较大进展,但在理论上尚不完善。由于海浪的应用性很强,应用部门不可能等到科学家把海浪生成机制都弄清楚了再来研究海浪计算和预报方法,所以在研究海浪生成机制的同时,也进行海浪计算和预报方法研究。迄今在实际海浪计算和预报方面已提出许多方法,它们大致有以下三大类:

(1)半经验半理论的方法,这是最早出现的方法,包括前面提到的有效波方法、PNJ波谱方法,以及一些港口工程设计规范方法等。这些方法虽然理论不够严密,但使用方便,计算结果与实测结果较吻合,所以至今仍被广泛应用。

(2)直接从观测资料入手,建立一些经验统计关系式。这是一种经验方法,使用方便,计算结果也较好。特别是在观测技术进步、资料序列越长、资料精确度越高的情况下,其计算结果比早期的要可靠得多。现在世界上许多国家都有这种海浪计算经验公式,在海洋工程、海岸工程设计参数的计算,以及海浪预报中被广泛应用。

(3)海浪的数值计算和预报。迄今海浪的数值计算和预报方法,基本上都是从谱组成波的能量平衡方程出发,进行数值积分求得。由于所考虑的原函数不同,提出了很多不同的数值模式。归纳起来,这些海浪数值计算和预报模式可分为三大类:

①非耦合传播模式,简称 DP 模式。这种模式假定每一组成波独立地成长到充分成长谱,与其他组成波无关,也不考虑波浪之间相互作用非线性能量传输的影响,被称为是第 1 代模式。其代表性的有日本的 MRI 模式、意大利的 Venice 模式和我国的"会战"模式等。

②耦合混合模式,简称 CH 模式。这是第 2 代模式。这种模式将海浪分为风浪和涌浪两部分。对于风浪,假定风浪的成长过程中,风浪谱存在着自相似性,所以可以用一个或几个参数来描述风浪场,如果知道一个或几个参数的变化,就可以推得风浪的成长。对于涌浪,则假定不受波浪之间的相互作用非线性能量传输影响,仍按非耦合传播模式计算。这种参数化的风浪模式和非耦合离散涌浪模式相结合,称为耦合混合模式。其代表性模式有挪威的 NOWAMO 模式、荷兰的 GONO 模式和联邦德国的 HYPA 模式等。

③耦合离散模式,简称 CD 模式。这类模式将风浪和涌浪都考虑了非线性相互作用,但仍采用参数化计算;同时采取事先规定的谱形限制谱出现的不稳定区域。这类模式的优点是理论上比较合理,但有计算量增长,参数化计算有很大经验性以及人为限制谱的不稳定区域等缺点。其代表性的模式有英国的 BMO 模式、美国的 SAIL 模式和 DNS 模式等。

第三节 海 流

海流泛指海水相对稳定的流动,其一般形态为三维运动,为方便计算,可以把它分解为水平方向和垂直方向两类。海流一词按狭义的理解,仅指海水作水平方向非周期性的流动。这里主要叙述密度流、地转流、风海流、浅海风海流、上升流。

一、海流的成因

风对海面的作用,形成风海流。它是由风的拖曳效应,或由风引起的海面倾斜和海水密度重新分布而形成的海流。太阳辐射能在海洋表面分布的不均匀性,造成海水密度分布不均匀,直接形成海流,称为密度流。当某种条件下摩擦力忽略不计时,密度流又称地转流。

海流使海水流向它处,由于海水的连续性,将由另一海域的海水流来补充海水流失,这种补充的海流称为补偿流。补偿流有水平补偿流和铅直补偿流。铅直方向的补偿流分为两种:由流场水平辐射导致的海水上升流动,称上升流;由流场水平辐射导致的海水下降流动,称下降流。温度比周围海水高的海流称为暖流,温度比周围海水低的称为寒流。

二、海水所受的作用力

1. 重力等势面

海水受到地球的吸引力和地球自转所产生的惯性离心力的作用,二者的合力即为重力。对单位质量海水来说,重力与重力加速度的量值相等。

重力场中各点都有相应的重力势,所有位势相同的点组成的面称为等势面。

2. 压强梯度力和等压面

某水深 h 处静压强 p 为该深度面上单位面积所承受的 h 高度的水柱重量:

$$p = \rho g h \tag{4-1}$$

式中　p——海水深处某点的压强,MPa;

　　　ρ——海水密度,kg/m³;

　　　g——重力加速度,m/s²;

　　　h——水深,m。

海洋中压强相等的点组成的面称为等压面。随着水深增大,压强也相应增大。梯度是相对于空间变化的一个向量。压强梯度这一向量,其方向垂直于等压面,指向压强增大的方向,其量值等于沿此方向的压强增加率。压强沿等压面法线方向的增加率为 dA/dN,

A 为压强，N 为位移。

压强梯度引起的力就是压强梯度力 G。它是单位质量海水受到的海水静压力的合力，其量值为：

$$G = -\frac{1}{\rho}\frac{\mathrm{d}p}{\mathrm{d}N} \tag{4-2}$$

压强梯度力的三个分量为：

$$\begin{cases} G_x = -\dfrac{1}{\rho}\dfrac{\partial p}{\partial x} \\[4pt] G_y = -\dfrac{1}{\rho}\dfrac{\partial p}{\partial y} \\[4pt] G_z = -\dfrac{1}{\rho}\dfrac{\partial p}{\partial z} \end{cases} \tag{4-3}$$

其方向与压强强度方向相反，即指向压强减小的方向。

3. 地转偏向力

地球上任何物体相对于地球运动，由于地球的自转，使它们的运动方向发生改变。这种地球自转的惯性力称为地转偏向力或科氏力。科氏力的方向与运动物体的方向垂直。在北半球，水平科氏力指向运动物体的右方，使物体运动方向不断向右偏。例如，向北运动的海水受科氏力的作用，使它不断向东偏转。南半球则相反，使物体运动方向向左偏。

设 ω 为地转角速度，则 $\omega = \dfrac{2\pi}{24\times 60\times 60} = \dfrac{2\times 3.14}{24\times 60\times 60} = 7.29\times 10^{-5}\,\mathrm{s}^{-1}$，设 φ 为地理纬度，v 为运动速度，则科氏力 f_c 为：

$$f_c = 2\omega\sin\varphi\, v \tag{4-4}$$

科氏力通常很小，一般物体运动的多数情况下可忽略不计。但因作用于海水和大气的力通常也很小，而且海水流经距离长，受科氏力作用时间很长，不能忽略它的作用。

4. 摩擦力

两层流体做相对运动时，其界面上便产生切应力。单位面积上的切应力 T 与垂直于该面的速度梯度 $\dfrac{\partial u}{\partial z}$ 成正比，即：

$$T = \mu\frac{\partial u}{\partial z} \tag{4-5}$$

$$f = \frac{1}{\rho}\frac{\partial T}{\partial z} = \frac{u}{\rho}\frac{\partial^2 u}{\partial z^2} \tag{4-6}$$

式中　u——海水黏滞系数。

海水一般处于湍流状态，水块间运动产生动量交换，其界面上产生的切应力 T 和湍流摩擦力 f 同样可写成：

$$T = \mu_z\frac{\partial u}{\partial z} \tag{4-7}$$

$$f = \frac{1}{\rho}\frac{\partial}{\partial z}\left(\mu_z \frac{\partial u}{\partial z}\right) = \frac{1}{\rho}\mu_z \frac{\partial^2 u}{\partial z^2} \qquad (4-8)$$

式中,μ 和 μ_z 的物理性质不同。μ 只取决于海水的性质,与运动状态无关。μ_z 与海水的运动状态及水层的稳定性等有关。

三、海流的分类

如前所述,压强梯度力垂直于等压面指向上方,面重力垂直于等势面向下。这对压强梯度力与重力达到静力平衡,海水静止。此时的流体静力方程为:

$$\frac{1}{\rho}\frac{\mathrm{d}p}{\mathrm{d}z} + g = 0 \qquad (4-9)$$

1. 密度流

海水密度分布不均匀时,海面将发生倾斜。密度小的地方海面升高,密度大的地方海面降低。海水将在水平压强梯度力的作用下产生运动,同时受水平地转偏向力的影响,直到这两个力达到平衡的稳定海流就是密度流。

在北半球,密度较低的海水位于海流流向的右面;密度较高的海水,位于海流的左面,南半球则相反。海水密度是温度、盐度和压力的函数,按温度和盐度的断面分布可判断密度流的方向。

海水的温度和盐度的分布是不均匀的,特别在海洋上层更为明显。因此,通常海洋上层等压面的倾斜度大。随着水深的增加,倾斜度减至极小。

2. 地转流

在海水密度均匀的情况下,忽略海洋湍流摩擦力,等压面相对等势面倾斜 β 角时,压强梯度力特产生一个水平分量,它使海水发生运动。海水一开始运动,立即受到地转偏向力的作用,使海流方向不断偏转,直到水平压强梯度力与水平地转偏向力平衡。这时达到稳定的海流称为地转流。

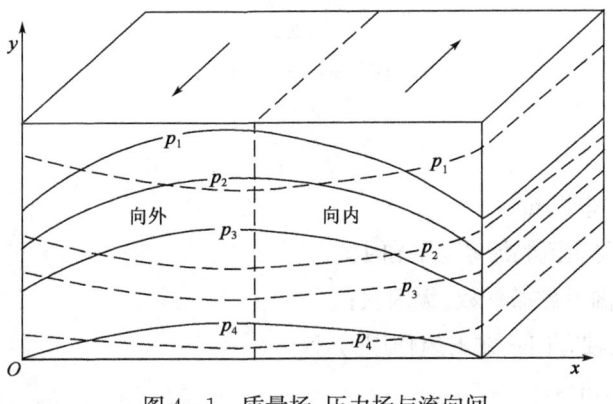

图 4-1 质量场、压力场与流向间

设海面仅沿 x 方向倾斜(图 4-1)。这时,垂直压强梯度力几乎与重力平衡,水平压强梯度力与地转偏向力平衡,按式(4-3)和式(4-4)可得:

$$\begin{cases} -\dfrac{1}{\rho}\dfrac{\partial p}{\partial x} + 2\omega\sin\varphi v = 0 \\ -\dfrac{1}{\rho}\dfrac{\partial p}{\partial z} = g \end{cases} \qquad (4-10)$$

将式(4-10)代入式(4-5)得:

$$\dfrac{1}{\rho}\dfrac{\partial p}{\partial x} = g\dfrac{\partial z}{\partial x} = g\dfrac{\mathrm{d}z}{\mathrm{d}x} = g\tan\beta \qquad (4-11)$$

将式(4-10)代入式(4-6)得地转流速度 v 为:

$$v = \dfrac{g}{2\omega\sin\varphi}\tan\beta \qquad (4-12)$$

可以看出,在北半球,等压面沿 x 方向倾斜时,地转流向 y 方向流动,即海流偏向于压强梯度力的右方 $90°$,平行于等压面流动。南半球相反。

因海水密度均匀,等压面的倾斜是江向径流入海、降水、融冰、气压变化和风力作用不均匀等原因造成的,倾角 β 不随深度变化,v 为常量,按 β 角即可求得。通常 β 角很小。这类特殊的地转流又称为倾斜流或坡度流。

3. 风海流

风对海面的摩擦作用产生风海流,它是海洋中比较主要的海流。

设在无边界、无限深和密度均匀的海洋中,海面受稳定风长时间吹刮,水平湍流摩擦力与地转偏向力平衡时的海流,称为埃克曼漂流,简称漂流。因海域无边界和无限深,不考虑海岸和海底的摩擦作用,海面保持水平,不发生升降,只考虑垂直湍流黏滞系数所引起的水平摩擦力,且垂直湍流黏滞系数 a_z 为常数。在上述条件下,水平湍流摩擦力与地转偏向力平衡,可得漂流的流速公式为:

$$\begin{cases} V_x = V_0 \mathrm{e}^{-a_x}\cos(45° - a_z) \\ V_y = V_0 \mathrm{e}^{-a_x}\sin(45° - a_z) \end{cases} \qquad (4-13)$$

其中

$$V_0 = \dfrac{T_y}{\sqrt{2}\,a a_z} \qquad (4-14)$$

$$T_y = \rho W^2 = 3.2 \times 10^{-6} W^2 \qquad (4-15)$$

$$a = \sqrt{\dfrac{\rho\omega\sin\varphi}{a_z}} \qquad (4-16)$$

式中 V_0——表面速度,m/s;

a_x——x 方向湍流黏滞系数,无因次;

a_z——垂直湍流黏滞系数,无因次;

T_y——与 y 轴方向一致的风作用力,N;

W——风速,m/s;

z——水深,m;

ρ——海水密度，kg/m^3。

由于地球自转角速度 w 为恒值，海水密度近似1，因此表面流速取决于纬度、风应力和垂直湍流黏滞系数 a_z。

由式(4-13)可见，在北半球，表面流向偏于风的右方 $45°$，在南半球向左偏离 $45°$，该偏角与风速和流速无关，并随深度的增大而线性地增大。流速随深度的增大很快地减小。

表面流速与风速和所在地理纬度有关。当风速在 3 级以上，得出表面流速的经验公式为：

$$V_0 = \frac{0.0127W}{\sqrt{\sin\varphi}} \quad (4-17)$$

表层以下的海流方向随深度的增加逐渐偏转，直到与表层流向完全相反：

$$Z = \pi\sqrt{\frac{a_z}{\rho w \sin\varphi}} \quad (4-18)$$

该深度处的流速约为表层流速的 $1/23=0.043$，该深度称为埃克曼深度或摩擦深度。从海面到埃克曼深度的水层称为埃克曼层。D 随 a_z 的增大而增大。实际大洋中，$D=200\sim300m$。

摩擦深度 D 与风速 W 及纬度 φ 间的经验公式为：

$$D = \frac{7.6W}{\sqrt{\sin\varphi}} \quad (4-19)$$

4. 浅海风海流

如果海区深度比较浅，大致与摩擦深度同阶，或小于摩擦深度 D，这时海底的摩擦将起很大的作用。埃克曼指出：浅海中的风海流表面流的方向与风向的交角比无限深海小，流向随深度的变化也比较缓慢。图 4-2 是海的深度 $h=0.10D$、$0.25D$、$0.5D$ 和 $1.25D$ 四种情况。可以看出，海的深度越浅，表面流向与风向的右偏角就越小。深度很小（等于 $0.10D$）的海区，表面流向几乎与风向一致。

当 $h=0.5D$ 时，表面流向与风向的交角为 $45°$，曲线与无限深海的曲线相差很小。当海的深度为摩擦深度 D 的 1.25 倍时，曲线就和无限深海风海流相一致。所以，当海区的深度与摩擦深度之比大于 0.5 时，就可以近似地把它当作无限深海的情况处理。我国台湾海峡和南海近海的海流就有漂流的性质。冬季流向自东北向西南，夏季从西南向东北，与冬、夏季风的变化相一致。

5. 上升流

设北半球有一海岸，风几乎与岸线平行。当观察者面朝风向时，海岸位于观察者的右方。由于风海流所产生的体积运输，海岸附近将产生辐聚，因而使较轻的海水在海岸附近堆积。由于这种堆积，海水中便将产生一内压场，从而引起一支与岸平行的倾斜流，流向则与风向一致。由此可知，风不仅产生一支纯粹的风海流，同时又

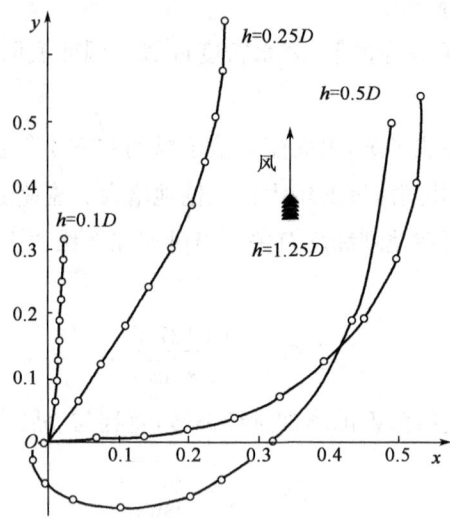

图 4-2 浅海风海流

形成一支与风向相同的倾斜流。在风摩擦深度内,为漂流相倾斜流的合流;在底摩擦深度内为底层流;上述两者之间则为纯粹的倾斜流。在风摩擦深度内,海水向岸堆积,而在底摩擦深度内,则有向外的流水运输。因此,必然形成一个顺时针方向的垂直环流。在靠近岸的一边为下降流,另一边为上升流。如风向相反,便形成一个逆时针的环流,近岸一边为上升流,另一边为下降流。参与这个环流的水层在200～300m之内。当风向与岸成21.5°时,能产生最大的升降流。纬度越低,升降流越强。这种升降流很普遍,例如,非洲东北近岸、北美加福利亚沿岸和南美秘鲁近岸等地,均有强大的升降流存在。

升降流的形成,主要是在沿岸海区,是风海流的副效应。在远离大陆的海面上,当被强大的气旋或反气旋控制时,也能形成升降流。在气旋中心(如热带风暴)形成上升流,在反气旋中心(如寒潮)形成下降流。由其他原因形成水平环流时,也能产生升降流。顺时针环流时,其中央海水下沉,产生下降流,逆时针环流时,其中央海水上升,产生上升流。以上是北半球的情况,南半球则相反。

上升流一般是由回归带和副热带相对稳定的风,沿海岸连续吹刮以及赤道区风的辐散所造成的。概观世界大陆架沿岸的上升流,主要是在大洋的东边界形成,因为那里都有和大陆平行的吹向赤道方向的盛行风,使大陆沿岸产生漂流,而在地转偏向力的作用下,产生离岸流,相应的补偿流就成为沿岸海域的上升流。这种上升流所达深度较浅,约200m左右。另外,在大洋西边界,在沿海和大陆架下,由于恒定的大洋流同海岸的相互作用也会形成升流。

上升流的类型有大陆沿岸比较发达的风生上升流,由交汇区和大洋区域短散所引起的一般上升流,还有逆温结构的上升流,以及岛屿、突入流中的半岛、礁或海山处形成的局部上升流等。

第四节 海　　冰

由海水冻结而成的冰称为海冰。但在海洋中所见到的冰,除海冰之外,尚有大陆冰川、河流及湖泊流滑入海中的淡水冰,广义上把它们统称为海冰。世界大洋约有 3‰～4‰ 的面积被海冰覆盖,对船舶航行、海底采矿及极地海洋考察等形成严重障碍,甚至造成灾害。它对海洋水文状况自身的影响,也成为海洋学的重要研究内容之一。

一、海冰的形成、分类和分布

1. 海冰形成条件及过程

海冰形成的必要条件是,海水温度降至冰点并继续失热、相对冰点稍有过冷却现象并有凝结核存在。

海水最大密度温度随盐度的增大而降低的速率,比其冰点随盐度增大而降低的速率快,当盐度低于 24.695 时,结冰情况与淡水相同;当盐度高于 24.695 时(海水盐度通常如此),海水冰点高于最大密度温度,因此,即使海面降至冰点,但由于增密所引起的对流混合仍不停止,致使只有当对流混合层的温度同时到达冰点时,海水才会开始结冰,所以,海水结冰可以从海面至对流可达深度内同时开始。也正因为如此,所以海冰一旦形成,便会浮上海面,形成很厚的冰层。

海水的结冰,主要是纯水的冻结,会将盐分大部排出冰外,而增大了冰下海水的盐度,加强了冰下海水的对流和进一步降低了冰点,又兼冰层阻碍了其下海水热量的散失,因而大大地减缓了冰下海水继续冻结的速度。

2. 海冰的分类

1)按结冰过程的发展阶段分类

(1)初生冰。最初形成的海冰,都是针状或薄片状的细小冰晶;大量冰晶凝结,聚集形成黏糊状或海绵状冰,在温度接近冰点的海面上降雪,可不融化而直接形成黏糊状冰。在波动的海面上,结冰过程比较缓慢,但形成的冰比较坚韧,冻结成所谓莲叶冰。

(2)尼罗冰。初生冰继续增长,冻结成厚度 10cm 左右、有弹性的薄冰层,在外力的作用下,易弯曲,易被折碎成长方形冰块。

(3)饼状冰。破碎的薄冰片在外力的作用下互相碰撞、挤压,边缘上升,形成直径为 30cm 至 3m,厚度在 10cm 左右的圆形冰盘。在平静的海面上,也可由初生冰直接形成。

(4)初期冰。由尼罗冰或冰饼直接冻结在一起而形成厚约 10～30cm 的冰层,多呈灰白色。

(5)一年冰。由初期冰发展而成的厚冰,厚度为 30cm～3m,时间不超过一个冬季。

(6)老年冰。至少经过一个夏季而未融化的冰,其特征是表面比一年冰平滑。

2)按海冰的运动状态分类

(1)固定冰。与海岸、岛屿或海底冻结在一起的冰。当潮位变化时,能随之发生升降运动。其宽度可从海岸向外延伸数米甚至数百千米。海面以上高于2m的固定冰称为冰架;而附在海岸上狭窄的固定冰带不能随潮汐升降,是固定冰流走的残留部分,称为冰脚。搁浅冰也是固定冰的一种。

(2)流(浮)冰。自由浮在海面上,能随风、流漂移的冰称为流冰。它可由大小不一、厚度各异的冰块形成,但由大陆冰川或冰架断裂后滑入海洋且高出海面5m以上的巨大冰体——冰山不在其列。

流冰面积小于海面1/10～1/8者,可以自由航行的海区称为开阔水面;当没有流冰,即使出现冰山也称为无冰区;密度4/10～6/10者称为稀疏流冰,流冰一般不连接;密度7/10以上称为密集(接)流冰。在某些条件下,例如流冰搁浅相互挤压可形成冰脊或冰丘,有时高达20余米。

3. 海冰的分布

海冰和冰山是高纬海区特有的海洋水文现象。北冰洋终年被海冰覆盖,覆冰面积3—4月最大,约占北半球面积的5%;8—9月最小,约为最大覆冰面积的3/4;多年冰的厚度一般为3～4m。流冰主要绕洋盆边缘流动,其冰界线的平均位置约在58°N。格陵兰是北半球主要的冰山发源地,每年约有7500座冰山由此进入海洋,仅随拉布拉多寒流进入大西洋的就有388座/年,其中约5%到达48°N,0.5%可达42°N。冰山的平均界限为40°N。个别冰山曾穿过湾流抵31°N海域。在北冰洋边缘的附属海、白令海、鄂霍茨克海、日本海、波罗的海以及中国的渤海和黄海每年冬季都有海冰出现。

南极大陆是世界上最大的天然冰库,周围海域终年被冰覆盖,暖季(3—4月)覆冰面积为$(2\sim4)\times10^6 km^2$,寒季(9月)达$(18\sim20)\times10^6 km^2$。南极大陆周围为固定冰架,一年冰的厚度多为1～2m;在南太平洋和印度洋流冰界分别在50°～55°S和45°～55°S之间,南大西洋则更偏北,在43°～55°S之间。南大洋海域经常有约22万座冰山在海上游弋,曾观测到长335km,宽97km的大冰山。南大洋中冰山的平均寿命为13年,是北半球冰山平均寿命的4倍多。

冰山和流冰的漂移方向主要受风和海流共同制约。无风时,其漂移方向与速率大致与海流相同;单纯由风引起的漂移速度约为风速的1/50～1/40;方向则偏风矢量之左(南半球)或右方(北半球);在强潮流区,主要受潮流制约。

二、海冰的物理性质

1. 海冰的盐度

海冰的盐度是指其融化后海水的盐度,一般为3～7左右。

海水结冰时，是其中的水冻结，而将盐分排挤出来，部分来不及流走的盐分以卤汁的形式被包围在冰晶之间的空隙里，形成"盐泡"。此外，海水结冰时，还将来不及逸出的气体包围在冰晶之间，形成"气泡"。因此，海冰实际上是淡水冰晶、卤汁和气泡的混合物。

海冰盐度的高低取决于冻结前海水的盐度、冻结的速度和冰龄等因素。冻结前海水的盐度越高，海冰的盐度可能也高。在南极大陆附近海域测得的海冰盐度高达 22~23。结冰时气温越低，结冰速度越快，来不及流出而被包围进冰晶中的卤汁就越多，海冰的盐度自然要大。在冰层中，由于下层结冰的速度比上层要慢，因此盐度随深度的加大而降低。当海冰经过夏季时，冰面融化也会使冰中卤汁流出，导致盐度降低，在极地的多年老冰中，盐度几乎为零。

2. 海冰的密度

纯水冰 0℃时的密度一般为 $0.917 \times 10^3 \text{kg/m}^3$，海冰中因为含有气泡，密度一般低于此值，新冰的密度大致为 $(0.914 \sim 0.915) \times 10^3 \text{kg/m}^3$。冰龄越长，由于冰中卤汁渗出，密度则越小。夏末时的海冰密度可降至 $0.860 \times 10^3 \text{kg/m}^3$ 左右。由于海冰密度比海水小，所以它总是浮在海面上。

3. 海冰的热性质和其他性质

海冰的比热容比纯水冰大，且随盐度的增高而增大。纯水冰的比热容受温度的影响不大，而海冰则随温度的降低有所降低。在低温时，由于其含卤汁少，因此随温度和盐度的变化都不大，接近于纯水冰的比热。但在高温时，特别在冰点附近（-2℃），由于海冰中的卤水随温度的升降有相变，即降温时卤水中的纯水结冰析出，升温时冰融化进入卤水之中，从而使其比热容分别有所减小和增大。其减小和增大值因其盐度有极大差异，低盐时其比热容小，而高盐时其比热容将比纯水冰大数倍，甚至十几倍。海冰的融解潜热也比纯水冰的大。

海冰的热传导系数比纯水冰小，因为海冰中含有气泡，而空气的热传导系数是很小的。海冰的热传导系数略大于海水的分子热传导系数，因而海冰限制了海洋向大气的热量输送，而且也使海洋的蒸发失热大为减少，从而形成了海洋的保护层。

由于海冰上部的空隙比下层的空隙多，所以其热导系数也随深度即由冰面向下的厚度而增大，超过 1m 的海冰其热传导系数就与纯水冰相差不大了，在表面附近约为纯水冰的 1/3 左右。

海冰的热膨胀系数随海冰的温度和盐度而变化。对低盐海冰，随着温度的降低，它开始是膨胀，继而变为收缩。由膨胀变为收缩的临界温度值随海冰盐度的增加而降低。对于高盐海冰，随温度降低始终是膨胀的，但膨胀系数越来越小。

海冰的抗压强度约为纯水冰的 3/4，这显然是因其存在许多空隙造成的。

海冰对太阳辐射的反射率远比海水的大，海水的反射率平均只有 0.07，而海冰高达

0.5~0.7。由于海冰的覆盖面积比陆冰还大,因此其反射的能量无论对海洋自身或者气候状况的影响都是不可忽视的。

三、海冰与海洋状况

1. 对海洋水文要素铅直分布的影响

由于结冰过程中存在的海水铅直对流混合常达到相当大的深度,在浅水区可直达海底,从而导致所有海洋水文要素的铅直分布较为均匀。这一过程又能把表层高溶解氧的海水向下输送,同时把底层富含浮游植物所需要的营养盐类的肥沃海水输送到表层,所以有利于生物的大量繁殖。因此,有结冰的海域,特别是极地海区往往具有丰富的渔业资源。例如南极的磷虾和鲸鱼渔场闻名世界,与此即有直接关系。

融冰时,表层会形成暖而淡的水层覆盖在高盐的冷水之上,出现密度跃层,这又会影响各种水文要素的铅直分布和上下水交换。

2. 对海洋动力现象的影响

海冰的存在对潮汐、潮流的影响极大,它将阻尼潮位的降落和潮流的运动,减小潮差和流速;同样,海冰也将使波高减小,阻碍海浪的传播等。

3. 对海水热状况的影响

当海面有海冰存在时,海水通过蒸发和湍流等途径与大气所进行的热交换大为减少,同时由于海冰的热传导性极差,因此,能对海洋起着"皮袄"的作用。海冰对太阳辐射能的反射率大,以及其融解潜热高等,都能制约海水温度的变化,所以在极地海域水温年变幅只有1℃左右。

4. 极地海区形成大洋底层水

特别在南极大陆架上海水的大量冻结,使冰下海水具有增盐、低温,从而高密的特性,它沿陆架向下滑沉可至底层,形成所谓的南极底层水,并向三大洋散布,从而对海洋水文状况具有十分重要的影响。

总之,海冰不仅对海洋水文状况自身、对大气环流和气候变化会产生巨大的影响,而且会直接影响人类的社会实践活动。例如,它能直接封锁港口和航道,阻断海上运输,毁坏海洋工程设施和船只;俄罗斯北方航线的某些区段,每年通航期仅有2~4个月。冰山更是航海的大敌,45000t的"泰坦尼克"号大型豪华游船,就是在1912年4月14日凌晨在北大西洋被冰山撞沉的,使1500余人遇难。中国的海冰也能造成灾害,1969年2—3月间,渤海曾发生严重冰封,除了海峡附近外,渤海几乎全被冰覆盖,港口封冻,航道阻塞,海上石油钻井平台被冰推倒,海上航船被冰破坏,万吨级的货轮被冰挟持,随冰漂流达4天之久,海上活动几乎全部停止。在1936年和1947年也曾发生过相当严重的冰情。

20世纪40年代以来,高纬沿海国家相继开展了海冰观测和研究工作,发布冰山险情和海冰预报。目前,利用岸站、船舶、飞机、浮冰漂流站、雷达及卫星等多种途径对海冰和冰山进行观测,并利用数理统计、天气学和动力学数值方法,发布海冰的长、中、短期预报。中国目前也已加强了这方面的工作。

四、中国海的海冰温度及其变化

中国海的海冰,仅在冬季出现于渤海和北黄海沿岸。在某些河口附近,也有少量的河冰。山东半岛的黄海沿岸,除个别深入陆地的海湾外,一般都不结冰。从冰龄看,都是一年(一冬)冰。海冰的盐度在各海(湾)区的平均值为 4.29~12.99,绝大多数介于 5.0~9.0,与大洋海冰差不多。但近岸的观测值普遍低于同海域海上冰的盐度观测值,有记录的极大、极小值分别为 1.53 和 16.86。海冰的密度平均值为 0.77~0.87kg/m³,观测的极大、极小值分别为 0.925kg/m³ 和 0.61kg/m³。海冰的温度,裸冰表面接近于或稍低于当地气温,观测结果为 -1.2~-6.8℃,冰底的温度则接近于水温。由于地理位置的不同和气象条件等的影响,中国海冰的冰期、冰情等,还有明显的区域差异和时间变化。

1. 冰期及其区域变化

在中国海区,初冬第一次出现海冰的日期,称为该海域的初冰日;而翌年初春海冰最后消失的日期,称为对应海域的终冰日。初冰日与终冰日间隔的天数,称为结冰期或总冰期,简称冰期。依海冰及其与航运交通和海上生产的关系,又将冰期划分为初冰期、盛冰期和终冰期三个阶段,其分界分别是盛冰日和融冰日。所谓盛冰日是第一次连续 3 天整个能见海面面积的 80% 或更多被海冰覆盖,并且这 3 天连续出现厚度为 15~30cm 的薄冰。所谓融冰日是在冰期中最后一次冰量连续 3 天大于或等于 8,且连续 3 天出现薄冰时,该 3 天最后一天的日期。

辽东湾的初冰日最早,一般在 11 月中旬,鲅鱼圈曾提前到 11 月 3 日;终冰日最晚,一般在 3 月下旬,鲅鱼圈曾迟至 4 月 7 日。冰期之长,居中国结冰各海域的第一位(图 4-3)。

辽东湾内的冰期也有区域差异。在北部是东岸冰期(鲅鱼圈 124 天)比西岸(葫芦岛 97 天)长;而在海湾南部,却是西岸(秦皇岛 107 天)比东岸(长兴岛 66 天)长。莱州湾的冰期最短,如龙口每年平均仅 63 天,最长的纪录也只有 97 天。黄海北部的冰期,各地差异较大,如大鹿岛平均长达 123 天,而小长山平均只有 50 天。渤海湾的冰期短于辽东湾,而略长于莱州湾。

沿岸固定冰,主要出现于辽东湾,冰期一般为 60~70 天。海湾北部可更长,如盖平角至小凌河口,12 月初至翌年 2 月底为固定冰期;营口平均每年为 119 天,最长曾达 127 天。固定冰的宽度可达 2~8km。

需要说明的是,即使在冰期之内,由于天气转暖海冰融化,或因受潮、浪、风、流作用而漂移他处,也可使能见海域内观测不到海冰,从而出现"无冰日"。在冰期内无冰日数最多的海域是渤海湾,可占 52%,莱州湾约 33%,黄海北部为 13%,辽东湾最少,仅 12%。一一般而言,中国北部沿海在固定冰期内,无固定冰日数也会占到20%,个别海区甚至占50%以上。这表明,某些海区的固定冰也没有长期固定,而是容易变成流冰。其原因在于,中国结冰海区气温不是太低,冰的厚度不很大,而气温的变化、潮位的涨落和海浪的起伏,则会使固定冰脱离海岸或海底而随风或流漂移。

冰期之内出现无冰日,是与"返冻"现象相伴而生的。这就是在海区的冰情显著减轻或能见海域内无冰之后,由于强冷空气侵袭、降雪或严重低温,海上会再次出现较大范围的结冰甚至封冻。莱州湾由于地理位置偏南,气温回升较早,2月上旬末或中旬初海冰即可开始融化。然而,此时水温仍处于全年最低时段,当有强冷空气侵袭并伴有大雪时,便容易出现返冻现象。由于返冻现象是在冰情显著减轻、海上活动业已开始之后,所以会给生产造成相当的影响或危害。

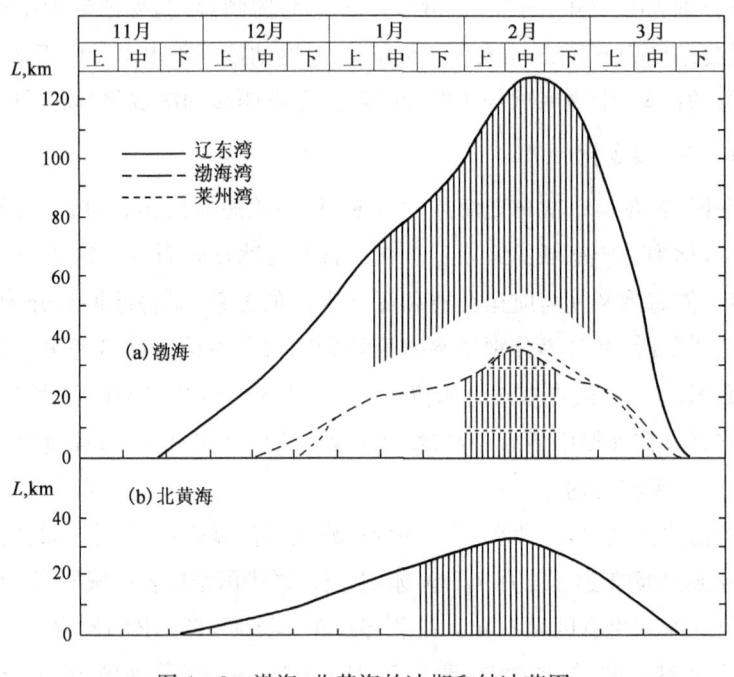

图 4-3 渤海、北黄海的冰期和结冰范围

2. 冰情及其时空变化

初冰期是海冰形成和发展的时期,其显著特点是冰情尚不稳定。渤海和北黄海沿岸,初冰期从11月上旬陆续开始;但由于此时气温和水温变化都较大,亦即在降温的总趋势中,温度常有回升,所以最初形成的海冰时融时生、漂来浮去是司空见惯的事。进入1月份之后,结冰的范围可由岸边迅速向外扩展,海冰的数量和厚度不断增大,冰情逐渐加重,对某些海域的海上活动渐次有所影响。总的看来,初冰期在各海区都是冰期内最长的时段,当然海域不同,其差别也是显而易见的。例如,北黄海最长,可超过2个月;辽东湾、渤海湾次之,50天左右;莱州湾最短,只有30~40天(图4-3)。

盛冰期是一年中冰情最严重的时期，冰多且厚，冰质坚硬，堆积现象较严重，对海上交通和生产影响最大。辽东湾北部的个别海湾和港口被封冻，船只无法通行。盖平角至葫芦岛以北海域，沿岸固定冰一般伸展1～5km，湾顶及河口浅滩可达8～10km，冰厚最大可至60cm，最大堆积高度可在4m以上。渤海湾北部浅滩和南部河口一带，常年的固定冰也可伸展5～10km；黄海北部鸭绿江口至大洋河口，常年沿岸固定冰宽度为2～5km；莱州湾较窄，一般在0.5km以内，仅在西岸与南岸河口浅滩处可宽于2km，东岸刁龙嘴以北，基本上无固定冰（图4-4）。

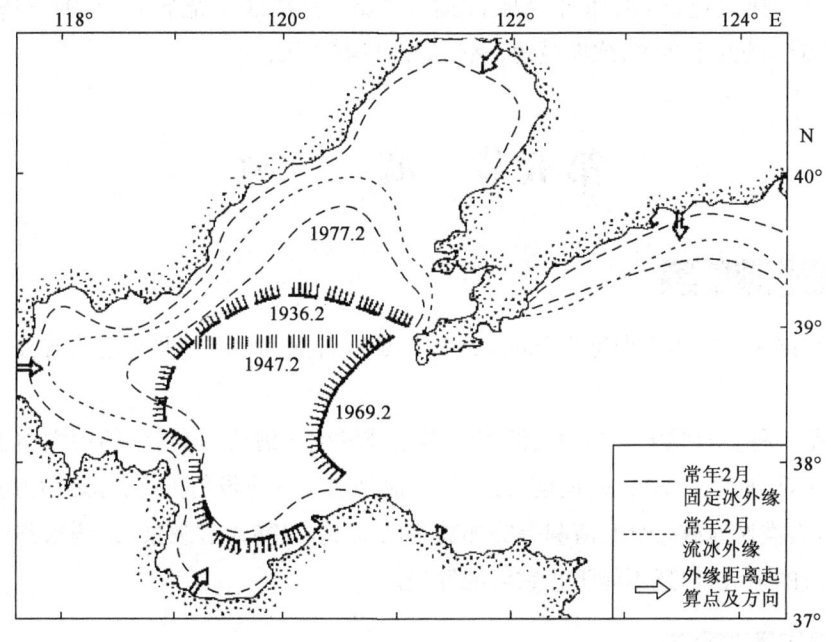

图4-4 渤海和北黄海的冰界

以上是常年冰情分布和变化的情况，而事实上冰情的年际变化是不容忽视的。中国将渤海及北黄海的冰情分为5个等级，即冰情轻年、偏轻年、常年、偏重年和重年。在图4-4中以断线和点线，绘出了常年2月中旬沿岸固定冰和流冰外缘的范围，至于各海域常年流冰外缘随时间的变化，则可由图4-4中的曲线直观地看出。显见，辽东湾2月中下旬向南伸展可达120km之多，黄海北部和渤海湾、莱州湾上、中旬最远，但不到40km。

中国海域也出现过多次严重冰情，20世纪以来，1936年、1947年和1969年是最重的3次。其特点是结冰范围广、厚度大、冰期长、冰情重。在其盛冰期内，渤海海面有70%被冰覆盖，辽东湾的冰期长达60天，冰厚可达90cm以上。最严重的1969年，盛冰期比常年推迟1个月，渤海湾的冰期长达4个月；冰封严重时，除渤海海峡外，整个渤海几乎全被坚冰覆盖，冰封状态维持40～50天之久；渤海湾的堆积冰坚硬而密集，最高达4m，最多达4层，海轮被挤压变形或进水，海上建筑物被推倒，造成了很大的损失。

轻冰年则结冰范围小、冰层薄、冰期短，特别是盛冰期短，某些海区没有盛冰期，甚至整个冬季完全不结冰。例如1972年,辽东湾盛冰期比常年短20～30天,除其北部外,其他海域无盛冰期;莱州湾龙口和黄海北部小长山附近,冬季均未结冰。

70年代以来,中国的冰情一般都较轻,即使相对而言偏重的1976—1977年,其流冰外缘线也仅在辽东湾和渤海湾比常年向外扩展一些而已。80年代和90年代,除1985年外,更趋转轻。例如,1990—1991年渤海冰情特点是:初冰日创纪录地晚,葫芦岛比历史记录推迟28天;冰期之短,使渤海各台站历史记录全部刷新,秦皇岛、鲅鱼圈分别缩短8天和9天;平均冰厚小于15cm;辽东湾流冰外缘线,多数时间不到55km(但是在2月20日—23日,却又返冻,流冰外缘曾推达100km,也造成了危害)。1994—1995年及1995—1996年的两个冬季,冰期更短,莱州湾都只有1天。

第五节 海 啸

一、海啸的概念

海啸在许多西方语言中称为"tsunami",词源自日语"津波",即"港边的波浪"("津"即"港")。

海啸是一种具有强大破坏力的海浪。当地震发生于海底,因震波的动力而引起海水剧烈地起伏,形成强大的波浪,向前推进,将沿海地带——淹没的灾害,称之为海啸。

目前,人类对地震、火山、海啸等突如其来的灾变,只能通过观察、预测来预防或减少它们所造成的损失,但还不能阻止它们的发生。

二、海啸的起因

海啸是一种灾难性的海浪,通常由震源在海底下50km以内、里氏震级6.5以上的海底地震引起。水下或沿岸山崩或火山爆发也可能引起海啸。在一次震动之后,震荡波在海面上以不断扩大的圆圈,传播到很远的距离,像卵石掉进浅池里产生的波一样。海啸波长比海洋的最大深度还要大,轨道运动在海底附近也没受多大阻滞,不管海洋深度如何,波都可以传播过去。

水下地震、火山爆发或水下塌陷和滑坡等激起的巨浪,在涌向海湾内和海港时所形成的破坏性的大浪称为海啸。破坏性的地震海啸,只在出现垂直断层、里氏震级大于6.5级的条件下才能发生。当海底地震导致海底变形时,变形地区附近的水体产生巨大波动,海啸就产生了。

海啸的传播速度与它移行的水深成正比。在太平洋,海啸的传播速度一般为每小时两三百千米到1000多千米。海啸不会在深海大洋上造成灾害,正在航行的船只甚至很难察觉这种波动。海啸发生时,越在外海越安全。

一旦海啸进入大陆架,由于深度急剧变浅,波高骤增,可达20～30m,这种巨浪可带来毁灭性灾害。

海啸来袭之前,海潮为什么先是突然退到离沙滩很远的地方,一段时间之后海水才重新上涨?大多数情况下,出现海面下落的现象都是因为海啸冲击波的波谷先抵达海岸。波谷就是波浪中最低的部分,它如果先登陆,海面势必下降。同时,海啸冲击波不同于一般的海浪,其波长很大,因此波谷登陆后,要隔开相当一段时间,波峰才能抵达。

另外,这种情况如果发生在震中附近,那可能是另一个原因造成的:地震发生时,海底地面有一个大面积的抬升和下降。这时,地震区附近海域的海水也随之抬升和下降,然后就形成了海啸。

三、海啸的特点

海啸在海洋的传播速度大约每小时500～1000km,而相邻两个浪头的距离也可能达500～650km。当海啸波进入陆棚后,由于深度变浅,波高突然增大,它的这种波浪运动所卷起的海涛,波高可达数十米,并形成"水墙"(图4-5)。

图4-5 智利地震引发海啸后一片狼藉

由地震引起的波动与海面上的海浪不同,一般海浪只在一定深度的水层波动,而地震所引起的水体波动是从海面到海底整个水层的起伏。海底火山爆发、土崩及人为的水下核爆也能造成海啸。此外,陨石撞击也会造成海啸,"水墙"可达百尺,而且陨石造成的海啸在任何水域都有机会发生,不一定在地震带。不过陨石造成的海啸可能千年才会发生一次。

海啸同风产生的浪或潮是有很大差异的。微风吹过海洋,泛起相对较短的波浪,相应产生的水流仅限于浅层水体。猛烈的大风能够在辽阔的海洋卷起高度3m以上的海浪,但也不能撼动深处的水。而潮汐每天席卷全球两次,它产生的海流跟海啸一样能深入海洋底部,但是海啸并非由月亮或太阳的引力引起,它由海下地震推动所产生,或由火山爆发、陨星撞击、水下滑坡所产生。海啸波浪在深海的速度能够超过每小时700km,可轻松地与波音747飞机保持同步。虽然速度快,但在深水中海啸并不危险,低于几米的一次单个波浪在开阔的海洋中产生的海表倾斜如此之细微,这种波浪通常在深水中不经意间就过去了。

地震发生时,海底地层发生断裂,部分地层出现猛然上升或者下沉,由此造成从海底到海面的整个水层发生剧烈的抖动。这种抖动与平常所见到的海浪大不一样。海浪一般只在海面附近起伏,涉及的深度不大,波动的振幅随水深衰减很快。地震引起的海水抖动则是从海底到海面整个水体的波动,其中所含的能量惊人。

海啸时掀起的狂涛骇浪,高度可达十多米至几十米不等,形成"水墙"。另外,海啸波长很大,可以传播几千千米而能量损失很小。由于以上原因,如果海啸到达岸边,"水墙"就会冲上陆地,对人类生命和财产造成严重威胁。

海啸虽然破坏力惊人,但有一种非常奇特的现象:那就是深海当中没有海啸,但航行于大洋中部的时候是感觉不到海啸的,这是为什么呢?原来海啸是由海底震动产生的海水主要沿水平方向大规模运动,只有遇到陆地阻挡的时候才会出现海浪,在深海当中由于没有陆地阻挡,所以不会产生巨浪,也就没有了海啸。

四、海啸的分类

海啸可分为四种类型,即由气象变化引起的风暴潮、火山爆发引起的火山海啸、海底滑坡引起的滑坡海啸和海底地震引起的地震海啸。中国地震局提供的材料说,地震海啸是海底发生地震时,海底地形急剧升降变动引起海水强烈扰动。其机制有两种形式,即下降型海啸和隆起型海啸。

下降型海啸:某些构造地震引起海底地壳大范围地急剧下降,海水首先向突然错动下陷的空间涌去,并在其上方出现海水大规模积聚,当涌进的海水在海底遇到阻力后,即翻回海面产生压缩波,形成长波大浪,并向四周传播与扩散,这种下降型的海底地壳运动形成的海啸在海岸首先表现为异常的退潮现象,1960年智利地震海啸就属于此种类型。

隆起型海啸:某些构造地震引起海底地壳大范围地急剧上升,海水也随着隆起区一起抬升,并在隆起区域上方出现大规模的海水积聚,在重力作用下,海水必须保持一个等势面以达到相对平衡,于是海水从波源区向四周扩散,形成汹涌巨浪。这种隆起型的海底地壳运动形成的海啸波在海岸首先表现为异常的涨潮现象。1983年5月26日,日本海7.7级地震引起的海啸属于此种类型。

五、海啸的预报

在大地震之后如何迅速、正确地判断该地震是否会激发海啸,这仍然是个悬而未决的科学问题。尽管如此,根据目前的认识水平,仍可通过海啸预警为预防和减轻海啸灾害做出一定的贡献。

海啸预警的物理基础在于地震波传播速度比海啸的传播速度快。地震纵波即 P 波的传播速度约为 6～7km/s，比海啸的传播速度要快 20～30 倍，所以在远处，地震波要比海啸早到达数十分钟乃至数小时，具体数值取决于震中距和地震波与海啸的传播速度。例如，当震中距为 1000km 时，地震纵波大约 2.5min 就可到达，而海啸则要走大约 1 个多小时；1960 年智利特大地震激发的特大海啸 22h 后才到达日本海岸。

如能利用地震波传播速度与海啸传播速度的差别造成的时间差分析地震波资料，快速、准确测定出地震参数，并与预先布设在可能产生海啸的海域中的压强计（不但应当有布设在海面上的压强计，更应当有安置在海底的压强计）的记录相配合，就有可能做出该地震是否激发了海啸、海啸的规模有多大的判断。然后，根据实测水深图、海底地形图及可能遭受海啸袭击的海岸地区的地形地貌特征等相关资料，模拟计算海啸到达海岸的时间及强度，运用诸如卫星、遥感、干涉卫星孔径雷达等空间技术监测海啸在海域中传播的进程、采用现代信息技术将海啸预警信息及时传送给可能遭受海啸袭击的沿海地区的居民，并在可能遭受海啸袭击的沿海地区，开展有关预防和减轻海啸灾害的科技知识的宣传、教育、普及以及应对海啸灾害的训练和演习。这样，就有希望在海啸袭击时，拯救成千上万的生命和避免大量的财产损失。

海啸预警具有可靠的物理基础，它不但在理论上是成立的，实际上也是可行的，并且已经有了成功的范例。例如，1946 年，海啸给夏威夷的希洛（Hilo）市造成了严重的人员伤亡和财产损失。于是，1948 年便在夏威夷建立了太平洋海啸预警中心，从而有效避免了在那以后的海啸可能造成的损失。倘若印度洋沿岸各国在 2004 年印度洋特大海啸之前，能与太平洋沿岸国家一样建立起海啸预警系统，那么这次苏门答腊—安达曼特大地震引起的印度洋特大海啸，绝不致造成如此巨大的人员伤亡和财产损失。

以上所述的海啸预警对于远洋海啸比较有效。但是，对于近海海啸（亦称本地海啸）即激发海啸的海底地震离海岸很近，例如只有几十至数百千米的海啸，由于地震波传播速度与海啸传播速度的差别造成的时间差只有几分钟至几十分钟，因此海啸早期预警就比较难以奏效。为了在大地震之后能够迅速地、正确地判断该地震是否激发海啸，减少误判与虚报特别是近海海啸预警的误判与虚报以提高海啸预警的水平，必须加强对海啸物理的研究。

第六节 潮　　汐

潮汐现象是指海水在天体（主要是月球和太阳）引潮力作用下所产生的周期性运动，习惯上把海面铅直向涨落称为潮汐，而海水在水平方向的流动称为潮流。

潮汐现象是所有海洋现象中较先引起人们注意的海水运动现象，它与人类的关系非常密切。海港工程,航运交通,军事活动,渔、盐、水产业,近海环境研究与污染治理,都与潮汐现象密切相关。尤其是永不休止的海面铅直涨落运动蕴藏着极为巨大的能量,这一能量的开发利用也引起人们的兴趣。

一、潮汐要素

图 4-6 表示潮位(即海面相对于某一基准面的铅直高度)涨落的过程曲线,图中纵坐标是潮位高度,横坐标是时间。

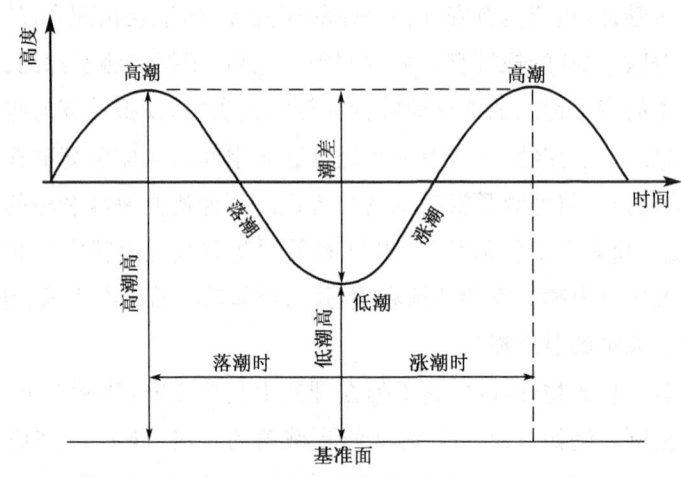

图 4-6 潮汐要素示意图

涨潮时潮位不断增高,达到一定的高度以后,潮位短时间内不涨也不退,称为平潮,平潮的中间时刻称为高潮时。平潮的持续时间各地有所不同,可从几分钟到几十分钟不等。平潮过后,潮位开始下降。当潮位退到最低的时候,与平潮情况类似,也发生潮位不退不涨的现象,称为停潮,其中间时刻为低潮时。停潮过后潮位又开始上涨,如此周而复始地运动着。从低潮时到高潮时的时间间隔称为涨潮时,从高潮时到低潮时的时间间隔则称为落潮时。一般来说,涨潮时和落潮时在许多地方并不是一样长。海面上涨到最高位置时的高度称为高潮高,下降到最低位置时的高度称为低潮高,相邻的高潮高与低潮高之差称为潮差。

二、潮汐类型与潮汐不等

1. 潮汐的类型

从各地的潮汐观测曲线可以看出,无论是涨潮、落潮时,还是潮高、潮差都呈现出周期性的变化,根据潮汐涨落的周期和潮差的情况,可以把潮汐大体分为如下的 4 种类型。

(1)正规半日潮。在一个太阴日(约 24h 50 min)内,有两次高潮和两次低潮,从高潮到低潮和从低潮到高潮的潮差几乎相等,这类潮汐就称为正规半日潮[图 4-7(a)]。

(2)不正规半日潮。在一个朔望月中的大多数日子里,每个太阴日内一般可有两次高潮和两次低潮;但有少数日子(当月赤纬较大的时候),第二次高潮很小,半日潮特征就不显著,这类潮汐就称为不正规半日潮[图4-7(b)]。

(3)正规日潮。在一个太阴日内只有一次高潮和一次低潮,像这样的一种潮汐就称为正规日潮,或称正规全日潮[图4-7(c)]。

(4)不正规日潮。图4-7(d)是不正规日潮潮汐过程曲线,显然,这类潮汐在一个朔望月中的大多数日子里具有日潮型的特征,但有少数日子(当月赤纬接近零的时候)则具有半日潮的特征。

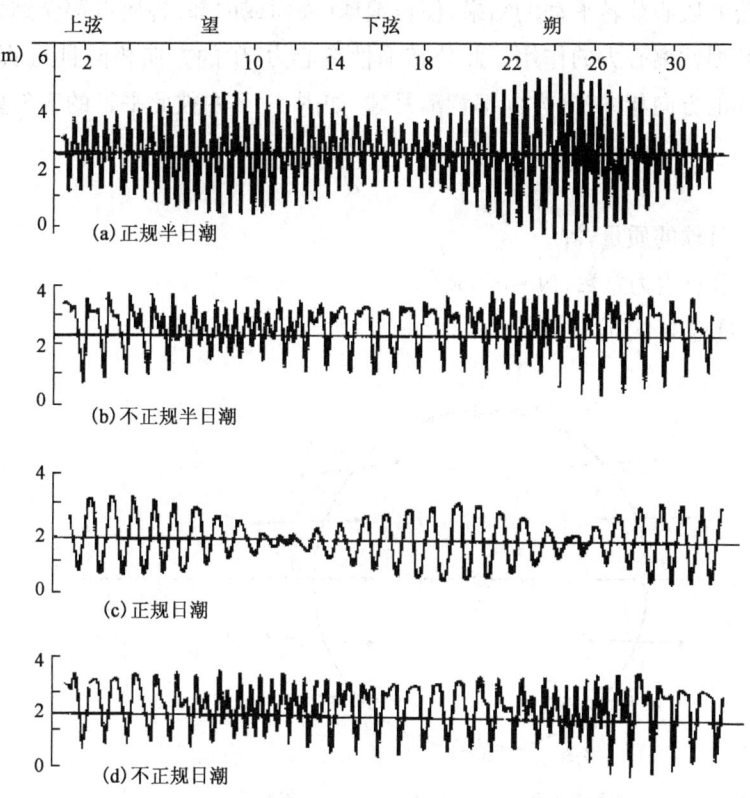

图4-7 各类型潮汐的月过程曲线

2. 潮汐的不等现象

凡是一天之中两个潮的潮差不等,涨潮时和落潮时也不等,这种不规则现象称为潮汐的日不等现象。高潮中比较高的一个称为高高潮,比较低的称为低高潮;低潮中比较低的称为低低潮,比较高的称为高低潮。

从潮汐过程曲线(图4-7)还可看出潮差也是每天不同。在一个朔望月中,朔、望之后二、三天潮差最大,这时的潮差称为大潮潮差;反之,在上、下弦之后,潮差最小,这时的潮差称为小潮潮差。

三、引潮力

潮汐现象与天体运动密切相关,无论是月球还是太阳,其引潮作用机理是相同的。为简单起见,以下先讨论月球(太阴)的引潮作用。

1. 引潮力的定义

1)公转惯性离心力

在地月系统中,地球除了自转运动外,还绕地月公共质心公转,这种公转为公转平动。地球绕地月公共质心公转平动的结果,使得地球(表面或内部)各质点都受到大小相等、方向相同的公转惯性离心力的作用。此公转惯性离心力 f_c 的方向相同且与从月球中心至地球中心连线的方向相同(即方向都背离月球,如图 4-8 中彼此平行的实矢量),大小为:

$$f_c = \frac{KM}{d^2} \tag{4-20}$$

式中 M——月球的质量,kg;
K——万有引力常数,N·m²/kg²;
d——月地中心距离,m。

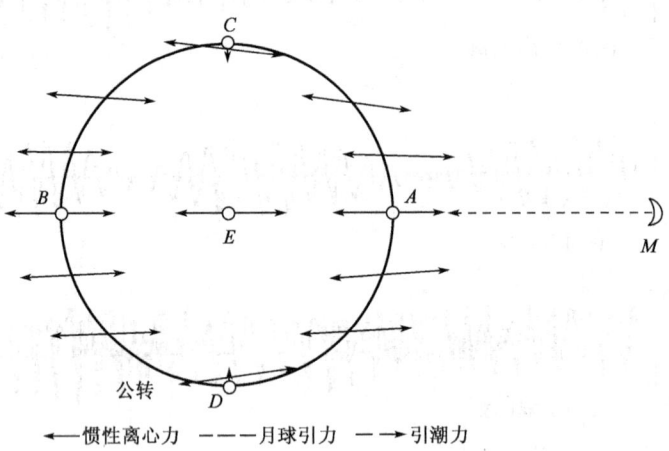

图 4-8 公转惯性离心力、月球引力及引潮力矢量

2)月球引力

根据万有引力定律,地球上任一地点单位质量的物体所受的月球引力 f_{mc} 为:

$$f_{mc} = \frac{KM}{X^2} \tag{4-21}$$

方向都指向月球中心,彼此不平行,X 为所考虑的质点至月球中心的距离。图 4-8 中的虚矢量表示这个力,这个力的大小随着质点所在位置的不同而变化。在图 4-8 中,以矢量的长短表示月球引力的相对大小。

3）引潮力

地球绕地月公共质心公转所产生的公转惯性离心力与月球引力的合力称为引潮力。地球上各点的引潮力如图 4-8 所示的粗矢量，可见地球表面各点所受的引潮力的大小、方向都不同，例如 A、B 两点的引潮力方向背离地心，而 C、D 两点的引潮力方向则指向地心。

2. 引潮力公式

设地球半径为 r，月球中心至地球表面任意一点 P 的距离为 X，若考虑一个天体方位圈，即以地球为圆心，过天体（月球 M）、天顶的大圆圈，则 θ 为天顶距，即天顶与天体（这里指月球）在天球上所张的角度。在地球表面 P 点处，单位质量海水所受的月球引力 f_{pm} 为：

$$f_{pm} = \frac{KM}{X^2} = \frac{g \cdot r^2}{E} \cdot \frac{M}{X^2} \tag{4-22}$$

方向指向月球。而单位质量海水所受的公转惯性离心力 f_{cm} 为：

$$f_{cm} = \frac{KM}{D^2} = \frac{g \cdot r^2}{E} \cdot \frac{M}{D^2} \tag{4-23}$$

方向与地月中心连线平行，且背离月球。

根据引潮力的定义，任意点的引潮力 F 可写为：

$$F = f_{pm} + f_{cm} \tag{4-24}$$

如果把引潮力投影到水平方向和铅垂方向，称之为水平引潮力和铅直引潮力，则由图 4-9 可推得月球引潮力的两个分量分别为：

铅直分量
$$F_v = \frac{g(Mr^3)}{ED^3}(3\cos^2\theta - 1) \tag{4-25}$$

水平分量
$$F_h = \frac{\frac{3}{2}g(Mr^3)}{ED^3}3\sin^2\theta \tag{4-26}$$

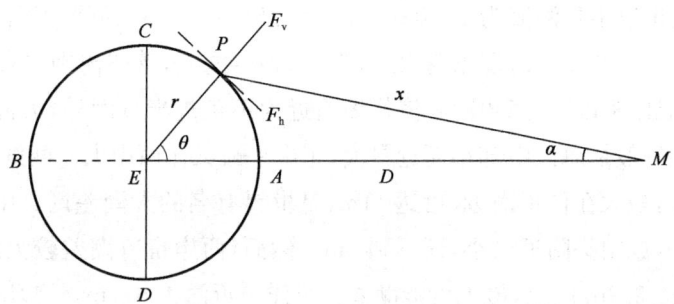

图 4-9　任一点的引潮力分量

式(4-25)和式(4-26)分别为月球引潮力的铅直分量和水平分量。同理可得太阳引潮力的铅直分量和水平分量分别为：

铅直分量 $\qquad F'_v = g \cdot \dfrac{S}{E} \cdot (\dfrac{r}{D'})^3 (3\cos^2\theta' - 1) \qquad (4-27)$

铅直分量 $\qquad F'_h = \dfrac{3}{2} g \cdot \dfrac{S}{E} \cdot (\dfrac{r}{D'})^3 3\sin^2\theta' \qquad (4-28)$

式中，S 为太阳的质量，D' 为日地距离，θ' 为太阳天顶距离。已知 $S=333400E$，$E=81.5M$，$D'=389D$，$D=60.3r$，所以，当 $\theta=\theta'=0$ 时，

$$\dfrac{F_v}{F'_v} = \dfrac{M}{S} \cdot \dfrac{D'}{D^3} = 2.17 \qquad (4-29)$$

而对于其他天体（如金星），当它离地球最近时的中心距 $D_1 = 0.28 \times 1.496 \times 10^8 \text{km}$，而金星的质量为 $S_1 = 0.815E$，可以计算得：

$$\dfrac{F_v}{F_{v1}} = \dfrac{M}{S} \cdot \dfrac{D_1^3}{D^3} = 19454 \qquad (4-30)$$

由上述月球和太阳的引潮力公式可得：引潮力的量值与天体的质量成正比，而和天体到地球中心距离的三次方成反比。太阳的质量约为月球质量的2717万倍，但日地间距离平均约为月地距离的389倍。另外，还可计算出月球引潮力约为金星近地时引潮力的2万倍。可见，海洋的潮汐现象主要是由月球产生的，其次是由太阳产生的，其他天体的引潮作用很小，一般可以忽略不计。

四、中国近海的潮汐与潮流

在渤海中，只有秦皇岛和黄河口附近为正规全日潮，其外围环状区域为不正规全日潮，此外的大部分海区均为不正规半日潮。潮差大多为2~3m，渤海海峡区平均为2m左右。沿岸平均潮差以秦皇岛附近最小，不到2m，最大在辽东湾顶，营口达5.4m，其次在渤海湾顶，塘沽达5.1m。半日潮波在渤海形成两个无潮点，分别位于秦皇岛和黄河口附近海区，全日潮波的无潮点位于渤海海峡。

渤海的潮流也以半日潮流为主，流速一般为0.5~1.0m/s，最强的潮流出现于老铁山水道附近，可达1.5~2.0m/s，辽东湾次之，为1.0m/s左右，莱州湾则仅有0.5m/s左右。

在黄海，除成山头以东、海州湾和济州岛附近为不正规半日潮外，大部分海区均为正规半日潮。潮差一般是海区中部小而近岸大，东岸一般又比西岸大。朝鲜半岛的西侧，潮差一般为4~8m，最大在仁川附近，可达11m，是世界有名的大潮差区。中国大陆沿岸潮差一般为2~4m，成山头附近最小，还不到2m。然而，西岸也有潮差较大之处，例如小洋口一带，平均可达3.9m以上，最大可能潮差在小洋口近海为6.7m，长沙港北可达8.4m。M_2 半日潮波在黄海的无潮点有两个，分别位于山东半岛以南和成山头附近海区。K_1 全日潮波的无潮点在南黄海中部。

黄海的潮流大都为正规半日潮流,仅在渤海海峡及烟台近海为不正规全日潮流。流速一般是东部大于西部,朝鲜半岛西岸的一些水道曾观测到 4.8m/s 的强流。黄海西部的强流区出现在老铁山水道和成山头附近,达 1.5m/s 左右,吕泗、小洋口及斗龙港以南水域则可达 2.5m/s 以上。

东海主要为正规半日潮,而九州至琉球西侧一带以及舟山群岛附近为不正规半日潮;在台湾海峡亦主要为正规半日潮,但南部有不正规半日潮。与黄海相反,东海的潮差是西侧大而东侧小。东侧除个别港湾可达 5m 以上外,大都仅 2m,然而西侧却大多在 4~5m 以上。杭州湾的海宁可达 9m,每年农历八月十八日前后,可形成壮观的涌潮。东海没有全日潮波的无潮点,半日潮波在台湾北端出现等振幅线的低值中心。

东海的潮流西部大多为正规半日潮流,东部则主要为不正规半日潮流,台湾海峡和对马海峡亦分别为正规半日潮流和不正规半日潮流。潮流流速近岸大而远岸小,浙闽沿岸可达 1.5m/s,长江口、杭州湾、舟山群岛附近为中国沿岸潮流最强区,可高达 3.0~3.5m/s 以上,如岱山海域的龟山水道,潮流速度即高达 4m/s。九州西岸的某些海峡、水道中的流速,也可达 3.0m/s 左右。

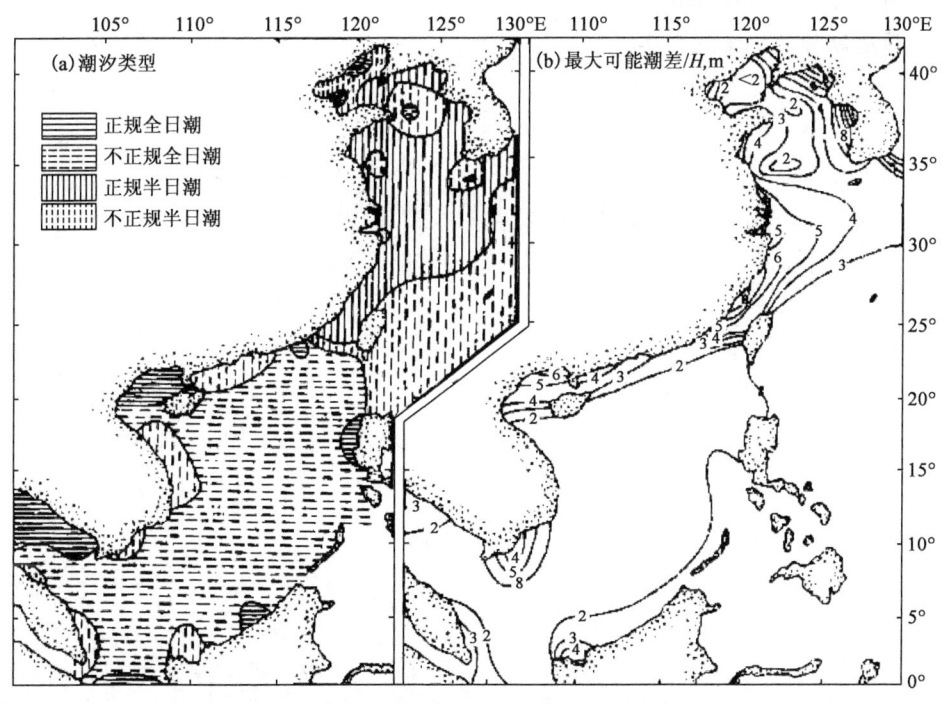

图 4-10　渤海、黄海、东海、南海的潮汐类型与潮差分布

与渤海、黄海、东海不同,南海绝大部分海域为不正规全日潮,正规全日潮分布于北部湾,吕宋岛西岸中、北部,加里曼丹岛的米里沿岸,卡里马塔海峡至苏门答腊岛海域以及泰国湾北部。不正规半日潮区散见于巴士海峡、广东近岸、越南中部近岸及南部部分近岸海

域、马来半岛东南端、加里曼丹岛西北近岸海域等。南海的潮差一般较小,最小潮差位于南海中部、吕宋岛西岸及越南中部沿岸,仅为2m左右。最大潮差出现于北部湾顶,如北海港可达7m;在粤西沿岸、北部湾、中南半岛南部和加里曼丹岛沿岸也较大,可达4m以上;粤东沿岸次之,为1～3m左右。半日潮在泰国湾有两个无潮点,北部湾也有相当于波节(无潮点)的同潮时线的密集之处。全日分潮在泰国湾和北部湾以南各有一个无潮点。

南海的潮流较弱,大部分海域不到0.5m/s。北部湾属强流区,也不过1m/s左右,琼州海峡潮流最强可达2.5m/s。由于南海以全日潮类型为主,所以其全日潮流显著大于半日潮流,只在广东沿岸以不正规半日潮流占优势。

渤海、黄海、东海、南海的潮汐类型与潮差分布如图4-10所示。

思 考 题

1. 试述风暴潮预报的分类及其优缺点。
2. 简述海浪及其利害与预报。
3. 简述海冰的形成及物理性质。
4. 简述海啸的起因及分类。
5. 简述潮汐的要素及分类。

第五章 海洋资源与开发

第一节 海洋生物资源

一、海洋生物环境分区

海洋是生命的摇篮。海洋为海洋生物的生存提供了适宜的环境,同时又制约着生物的生活、生长、繁殖和时空分布;另一方面,海洋生物在生命活动过程中也不断地影响其周围的环境。因此,海洋生物与环境之间是一种既适应又制约、反馈的相辅相成的统一体。海洋生物的环境分水层和底层两部分。

1. 水层部分

浩瀚的海洋水体在全部深度上都有生物分布,海洋为海洋生物提供的可栖息容量比陆地大得多。水层环境具有以下特点。

1)温度、盐度和深度阻隔

虽然世界各大洋都是相连的,但是由于温度、盐度和深度会形成阻隔,使得没有一种海洋生物能在全球海洋任何区域内自由生活。

(1)温度。

海水温度随着纬度、深度和季节的变化而变化,近岸水域和岛屿周围海域的水温变化还受到陆源环境因素的影响,变化频率及温差幅度较之外海及大洋更为强烈。

水温对海洋生物是极为重要的生态限制因子,通过自然选择保留至今的每一种海洋生物对水温的适应都有特定的范围,即各有所能忍受的最低、最高和最适宜温度,及其生长、发育和繁殖阶段所要求的最低和最高温度。因此,水温是决定海洋生物的生存区域、物种丰度及其变动的主要环境因素。

根据海洋表层水温等温线与纬度平行分布格局,从生物地理学角度出发,可把全球海洋分为:热带(25℃)、亚热带(15℃)、温带(北半球5℃,南半球2℃)和极地寒带(<0~2℃或5℃)等四个温度带。根据各种海洋生物对温度变化的耐受限度,可分为广温性、窄温

性或暖水性、温水性、冷水性等不同的生态类群。它们都被水温局限在不同的海域之内，充分反映出温度对海洋生物时空分布的无形阻隔。

(2) 盐度。

海水比陆地淡水含有更多的盐，同样出现成带和分层现象。各种海洋生物对盐度的适应与适应温度一样，都有各自的"生态幅"。据此，可以把海洋生物区分为窄盐性种和广盐性种两大类。前一类包括生活在外海大洋、近海潟湖，尤其是大洋深水区，亦可称之为高盐性种；后一类则主要分布在盐度变幅较大的近岸浅海、海湾及近河口区。

盐度对于海洋生物的作用主要在于影响渗透压，因为大多数海洋生物体和海水是等渗性的。虽然海洋硬骨鱼类的血液和组织里的含盐量较低(它们是低渗透压的)，但它们在咽下水分与经过鳃时可主动排出盐分而调节渗透压。渗透压的剧烈变化，可使生物细胞破裂或"质壁分离"，损坏细胞正常结构，从而影响生物的新陈代谢，甚至危及生命。

此外，海水中存在生命所必需的全部溶解盐类——生物盐，或称生物离子。氮和磷酸盐被认为是生物的常量营养物质，这对海洋植物尤为重要。与陆地生物一样，充足的肥料是保证产量的重要因素，海水中生物盐浓度能直接影响海洋植物的丰度，从而影响到海域的初级生产力。哈钦森曾提出，在生物体内所有的元素当中，以磷的生态学意义最大，因为生物体内磷和其他元素的比例，要比这些元素最初来源的比例大得多。所以，除水之外，磷的缺乏，比任何其他物质的缺乏都更为限制地球表面任何地区的生产力。氮、磷之后，是钾、钙、硫、镁等。软体动物和脊椎动物等需要大量的钙；镁是叶绿素的必需成分，而叶绿素是植物进行光合作用的基础。

除了需要量大的常量营养物质外，生物生命系统活动中还需要微量营养物质。艾斯特曾明确地提出植物所必需的十种微量营养物质，如铁、镁、铜、锌、硼、硅、钼、氯、钒和钴，并按其功能分为三类：①光合作用所必需的是 Mn、Fe、Cl、Zn 和 V；②氮代谢需要 Mn、B、Co、Fe；③其他代谢功能需要 Mn、B、Co、Cu 和 Si。它们中的大多数元素亦是动物所必需的。许多微量营养物质和维生素相似，对生物的生命活动过程起着催化剂作用。

常量营养物质和微量营养物质，一部分来自陆源，由江河带入海内；一部分通过生物尸体、有机物的分解以及海底沉积物，由水体铅直混合再带入水层而被再利用。因此，在不同海区水体内的含量分布亦是不均匀的。上述物质的量过少或过多都能影响生物生命系统活动的正常运行，即起到限制作用。

(3) 深度。

海水深度对生物最明显的影响是流体静压力和光照深度。

① 流体静压力。

海洋中每增加深度 10m，压力约增加 0.1MPa，海洋最深处压力可超过 101MPa。许多动物能耐受变化范围很大的压力。一般说来，通常生活在深渊海底的生物的生命活动比较缓慢，如深海中的蛤估计需 100 年时间才能长到 8.4mm 的长度。

②光照深度。

强度随着水深的增加而指数下降。在清澈的海水中,25m 水深处,大部分红光被吸收,依次是橙光、黄光和绿光。在清澈的大洋区,光线透射的深度可达 200m,但这里仅有在波长 495nm 附近的黄光。在混浊的沿岸带水体,有效的光线透射很少能超过 30m 水深。海洋水体因此形成了浅薄的透光带(层)和深厚的无光带(层)两大部分。为数极少的海洋高等植物和大量的大型多细胞藻类植物被局限在海岸带,而在辽阔无垠的大洋区,初级生产者主要是浮游植物和光合微生物等,它们生活在浅薄的透光带内,依靠光合作用,生产有机物,并作为海洋食物链的基础,启动海洋生态系统中能流的运转,亦为在无光带黑暗环境下生活的海洋动物提供了必需的原初食物。黑暗的无光带内由于海洋植物无法生活,显然是海洋动物和一些微生物的世界,为数众多的是肉食性动物,它们能够捕食其他动物并利用有机碎屑和生物尸体的分解提供的能量。

2) 海水运动的综合效应

海流对海洋环境有很大的影响,特别是上升流或铅直方向的海水混合,能把较冷但富有营养物质的深层海水输送到上表层,使之成为富于生产能力的海域。这些海域往往是渔场所在。世界上最富饶的渔场之一就位于秘鲁海流引起的上升流区域。该上升流海域不仅养育了鱼类,同时亦维持了巨大的海鸟种群,使近岸及岛屿上积了数以万吨的鸟粪。如果没有这类海流,大量的营养物质就会永久"失落"在洋底而再也无法利用。此外,极地上层冷水下沉,把含氧量较高的上层冷水通过深层流传送到赤道附近,从而补充了热带大洋深处的含氧量,这对深海动物的生活是至关重要的。

大陆沿岸流和大陆入海径流这两种类型的海水运动虽不如大洋环流那样气势磅礴,但它们对局部范围内海水温度、盐度、营养物质以及气体和其他物理、化学环境因素的影响,尤其是对入海的陆源物质的扩散与转运起的作用也很大。

总之,海水运动所造成的环境因素的变化是综合性的,既影响海洋生物的生态环境,也影响某一海域海洋生物的种群丰度和群落结构,并且在传布和扩展物种的生存空间方面起重要作用。

3) 潮汐对海洋生物特别稠密的海岸带的影响尤为重要

在潮间带,水体周期性涨落,海底相应地被淹没或暴露在空气之中,环境分带明显(图 5-1),光照、温度、干旱(失水)等环境因素变化强烈。只有对上述环境因素变化具有极强适应能力的海洋生物才能在此区带内生活。

(1)潮上带:是高潮时浪花能飞溅到的地带。

(2)高潮带:是从大潮高潮线至小潮高潮线之间的地带。

(3)中潮带:是从小潮高潮线至小潮低潮线之间的地带。

(4)低潮带:是从小潮低潮线至基准面之间的地带。

(5)潮下带:是大潮不能使之暴露在空气中的水下带。

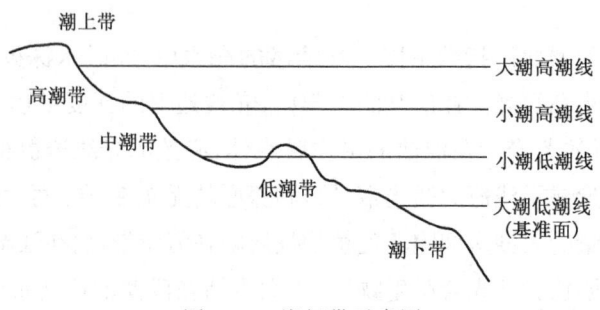

图 5-1 潮间带示意图

2. 底层部分

海底作为海洋生物生存环境,其生态效应主要取决于海底地形、底质类型和海底以上水层的深度及其所具有的理化性质。

1)海底地形的影响

由第二章可知,海底地形是相当复杂的,大陆架、大陆坡、海盆、海沟、大洋中脊形态各异,条件迥异,对生物影响各不相同,特别是海底热泉在局部海底及其附近水域内形成一个特殊的高温区,其温度可高达 300～400℃,与此高温黑暗环境相适应的海洋生物群落就很特殊。它们赖以生存的生活能源并非来自必须依靠光合作用的海洋植物,而是依靠硫化微生物的生产来启动生态系统的能流运转。

2)底质类型的影响

不同的海底类型形成了不同生态效应的区带,生活着与其相适应的生物群落。

生物遗体和有机沉积物可遍布于全部海洋的海底。总的说来,底栖生物遗体之量较浮游生物多;但大陆架的外缘以及孤立的海底高地上,浮游生物的遗体却构成沉积物的主体。最常见的底栖生物的遗体是具有钙质的藻类、软体动物、有孔虫、珊瑚、水螅、环节动物、棘皮动物和海绵等。潮间带和陆架海底沉积物中同样含有一些浮游生物的遗体、底栖生物的骨骼或外壳,局部区域会出现几乎由软体动物贝壳堆成的海底底质。深海大洋海底沉积物可能以有机物为主,也可能以无机物为主,前者称为软泥,后者称为红黏土。大洋海底沉积物的结构可分为三种主要类型:生物遗体及有机物含量少于 30%,而以无机物质为主体的红黏土;生物遗体及有机物含量超过 30%,而以浮游植物(硅藻)和含有硅质结构的浮游动物遗体及有机物为主的硅藻软泥;由有孔虫骨骼、球房虫、颗石藻等组成的钙质软泥。红黏土和球房虫软泥为各大洋中最主要的沉积物;硅藻软泥主要分布于绕南极洲和横贯北太平洋一些海区的海底;放射虫软泥几乎所有大洋海底均有分布,尤其在赤道海区海底尤为丰富。显然,细粒沉积物的多态意味着其来源的不同。

二、海洋环境分区

海洋环境分区是对海洋生物具有极大影响的海洋生态因素,不同程度地具有"成带"

或"层化"现象,因而形成了丰富多彩的环境区域。对海洋生物环境的宏观性区划(图 5-2),把海洋生物环境从水平方向分为浅海和大洋两部分。

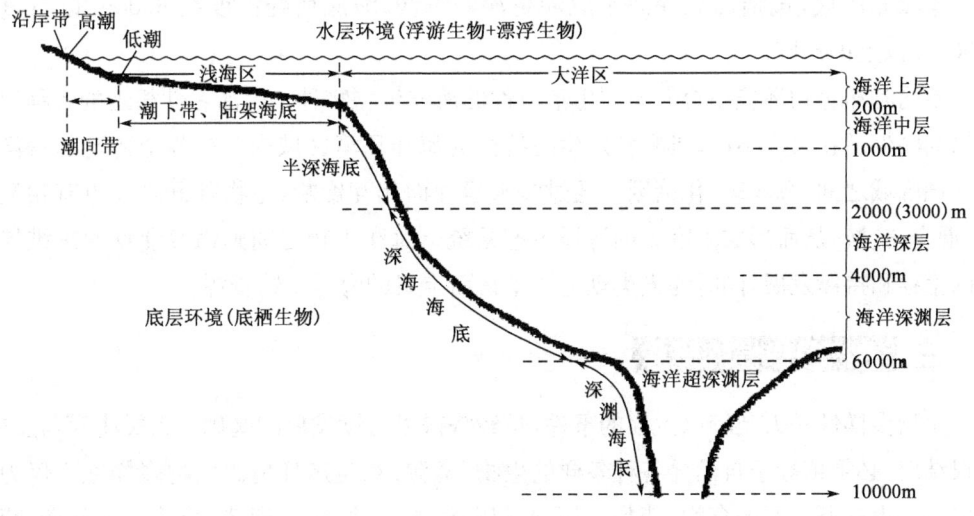

图 5-2　海洋环境生物区带示意图

1. 浅海区

浅海区指大陆架海域,包括潮间带和潮下带。

(1)潮间带是从高潮时浪花可以溅到的岸线,至退潮时水面以上的地带。它是陆地与海洋之间一个狭长的过渡带(交界处)。潮间带空间的大小决定于潮汐类型和潮间带海底的地形。

(2)潮下带为浅海海域,水层部分最大深度一般不超过 200m,离岸宽度变化很大,平均为 80km;海底地形较为平坦,坡度较小,以大陆缘为外界。

2. 大洋区

大洋区是包括大陆架以外的全部海洋区域。

(1)水层部分从垂直方向可分为:

①海洋上层,水层深度为 0~200m;

②海洋中层,水层深度为 200~1000m;

③海洋深层,水层深度为 1000~4000m;

④海洋深渊层,水层深度为 4000~6000m;

⑤海洋超深渊层,水层深度为 6000~10000m。

(2)底层部分从水平方向,根据海底地形和所处深度,可分为:

①陆架海底,包括陆海交界的潮间带海底,并由此延伸到水深 200m 的海底;

②半深海底,是与大陆缘相连接的大陆斜坡,所处水深从 200m 急剧下降到2000~3000m。

③深海海底,是由大陆斜坡继续向深层倾斜,转而形成大陆隆、深海平原和洋中脊及其特有的热泉海底,海底所处深度在2000～6000m之间;

④深渊海底,包括部分深海平原和更深的海沟,海底所处深度在6000m以下直至10000m以上的沟底。

不同海洋生物环境孕育着不同生活习性的海洋生物物种。生活习性相近的各种海洋生物共同生活在尺度不同、具有特定生态特性的海洋环境区域内。在各个特定的海洋生物环境区域之间,海洋理、化诸因子通过海水运动而相互影响,生物种群之间也有相互渗透、混合、交换,从而形成了巨大的海洋生态系统。海洋生物之间则通过食物网来维持自身的生存和持续发展,同时为人类创造了丰富而宝贵的海洋生物资源。

三、生物多样性的概念

生物多样性是人类赖以生存的条件,是经济得以持续发展的基础。人类生存与发展,归根结底,必须依赖于自然界各种各样的生物(资源)和生态环境。生物多样性不仅为人类提供了生存所需要的食物、药品、工业原料和能源等,同时对调节、维持生态平衡,稳定环境具有关键作用。占地球表面积71%的海洋,不仅控制着许多自然过程,而且还是人类将来争取生存而渴望得到海洋食物和能源的宝库。海洋是维持生命的整体系统中一个不可缺少的部分。研究、保护并发展海洋生物多样性,使人类有可能多方面、多层次地持续利用甚至改造这个生机勃勃的生命世界。丧失生物多样性,必然引起人类生存与发展的根本危机。

生物多样性是一个包括物种、基因和生态系统的概括性的术语,可简单表述为"生物之间的多样化和变异性及物种生境的生态复杂性"。也就是说,生物多样性是所有生物种类、种内遗传变异和它们的生存环境的总称,包括所有不同种类的动物、植物和微生物,以及它们所拥有的基因、它们与生存环境所组成的生态系统。生物多样性通常包括遗传多样性、物种多样性和生态系统多样性三个层次。人类的生存无不依赖于生物多样性。

1. 遗传多样性

广义的遗传多样性是指遗传信息的总和,包含栖居于地球上的植物、动物和微生物个体的"基因"在内。通常谈及生态系统多样性或物种多样性时也就包含了各自的遗传多样性。不同种群之间或同一种群不同个体的遗传变异的总和,可认为是狭义的遗传多样性内涵。由此反映出遗传多样性也包括多个层次。

遗传多样性实际上是遗传信息的多样化,而遗传信息储存在染色体和细胞器基因组的DNA序列中。虽然自然界内所有生物都准确地复制自己的遗传物质DNA,将自己的遗传信息一代一代地遗传下去,保持遗传性状的稳定性,可实际上,自然界和生物本身有许多因素能影响DNA复制的准确性。这些影响因素可能引起的变化是多种多样的,从一个碱基对的变化,到DNA片段的倒位、易位、缺失或转座而引起多个碱基对的变化,而导致不同程度的遗传变异。随着遗传变异的积累,遗传多样性的内容也就不断地得到丰富。

地球上的物种几乎都是以种群组织形态生存的。每个种群都占有一定的空间。具有有性繁殖的种群,其个体间的互相交配主要在种群内进行,一般来讲,种间不能杂交。即使是同一物种构成的种群,生活在相似的环境空间内,但由于地区阻隔,个体间也没有交配的机会,例如,分别在巴西和马达加斯沿岸水域的绿海龟(绿龟)事实上就没有机会杂交。另一方面,生活在同一环境空间内的不同种群,虽然不同物种的个体间相互混杂在一起,但由于它们各自的生长、发育、性成熟、交配受精和孕期等的不同,从而保持了本种群遗传变异的特性,亦使本种群得到持续发展。在同一环境空间内,各种群因产卵时间的不同而有春季、夏季和秋季种群产卵的区分。即使是在同一时期内产卵,像大马哈鱼、鳗鱼等种群又会远离其原来生活的空间,分赴特定的场所,前者由大海到江河,后者由江河到大海深层去产卵。各种各样的鲑科鱼从海洋洄游到河流来繁殖的现象已众所周知。海龟、海鸟类和有些鲸类也总是游到特定的地方去交配、产卵或生育幼仔。有些金枪鱼的分布范围尤为广阔,从热带水域一直延伸到温带水域,但它们最后还是回到热带水域去产卵,成体的产卵洄游借助于水系运动,就保证了其幼体通常能从出生地被搬运到条件适宜的"少年"或成体生活地。这称为生命周期闭合。总之,基因决定了不同种群间的行为差异,亦反映出生物的遗传多样性。

由于各种群的遗传组合类型都是有限的,因而种群在突变、自然选择以及遗传漂移过程中常会出现遗传趋异。这样,有些种群就有一些其他种群中所没有的特别的基因型(等位基因)。在一个物种中非常罕见的等位基因也许在另一个种群内却异常丰富。所有这些异常性状的出现就是生物本身的适应性改变,以使其在所处的特殊环境条件下更容易成功繁衍。

异常变异是物种进化的重要原料储备,一个物种的遗传变异越丰富,对环境变化的适应性就越大。反之,遗传多样性贫乏的物种通常在进化上的适应性就弱。也就是说,种群内的遗传变异反映了物种进化潜力。因此,对遗传多样性的深入了解不但是现代生物遗传育种的基础,而且也是为适应未来人类需求的变化培育相应的品种作准备,因而也成为当今世界各国大力发展的生物技术科学的基础。

2. 物种多样性

物种即生物种,是生物进化链索上的基本环节,它处于不断变异与不断发展之中,但同时也是相对稳定的,是发展的连续性与间断性统一的基本间断形式。物种表现为统一的繁殖群体,由占一定空间、具有实际或潜在繁殖力的种群所组成,而种群间在生殖上隔离。物种多样性是指地球上生命有机体的多样化,是生物多样性所包含三个层次中最为显著的中间一层。

地球上自出现生命以来,经历了约三四十亿年漫长的进化过程,形成了无数的生命有机体。迄今为止，人们还无法确认地球上到底生活着多少物种，预计大约在 500 万至 5000 万种之间或更多。但目前已被描述记载的仅有约 140 万种（表 5-1）。这是因为人类对自然的认识仍然有限，对海洋的认识更是不足。

表 5-1 已被描述的物种类群

类　群	种类数量,种	类　群	种类数量,种
病毒	1000	甲壳动物	38000
细菌和蓝绿藻	4760	昆虫	751000
真菌	46983	其他节肢动物和小门类无脊椎动物	132461
藻类	26900	软体动物	50000
苔藓植物(藓类和苔类)	17000(WCMC,1988)	棘皮动物	6100
裸子植物(球果针叶类)	750(Raven 等,1986)	鱼类(硬骨鱼类)	19056
被子植物(有花植物)	250000(Raven 等,1986)	两栖动物	4184
原生动物	30800	爬行动物	6300
海绵动物	5000	鸟类	9198(Clemenlx,1981)
腔肠动物	9000	哺乳动物	4170(Honacki 等,1982)
蠕虫	24000	合计	1436662

注：表 5-1 引自"保护世界的生物多样性"(1991)；WCMC：世界自然保护监测中心。

生物学家物种之间的亲缘进化关系生物学家建立了一个等级体系——生物的分类阶元。以抹香鲸为例，表示如下：动物界；脊索动物门；脊椎动物亚门；兽纲(哺乳纲)；鲸目；抹香科；抹香属；抹香鲸。

海洋生境比陆地或淡水生境内具有更多的生物门类和特有门类(表 5-2)。在 1988 年玛格丽斯和斯沃兹列出的动物界 33 个门类中，海洋生境内共有 32 个门，其中有 15 个特有门；陆生生境内为 18 个门，仅有 1 个特有门；在两种生境共有门类中有 4 个门(带 * 者)所包含的物种总数的 95% 都是海洋特有种。门类的多样性无疑表达了物种多样性。这亦表明了海洋有比陆地大得多的物种多样性。

表 5-2 海洋生境和非海洋生境中的动物门类

序　号	海洋生境特有	二者兼有	非海洋生境特有
1	扁形动物门	海绵动物门	有爪动物门
2	栉水母动物门	腔肠动物门	
3	中生动物门		
4	颚咽动物门	纽形动物门	
5	动吻动物门	腹毛动物门	
6	有甲动物门	轮虫动物门	
7	帚虫动物门	棘头动物门	
8	腕足动物门	内肛动物门	

续表

序　号	海洋生境特有	二者兼有	非海洋生境特有
9	曳鳃动物门	线虫动物门	
10	星虫动物门	线形动物门	
11	虫动物门	苔藓动物门	
12	须腕动物门	软体动物门	
13	棘皮动物门	环节动物门	
14	毛颚动物门	缓门动物门	
15	半索动物门	五气门动物门	
16		节肢动物门	
17		脊索动物门	
门类总数	15	16	1

截至1993年，中国管辖海域已记录20278种生物，它们隶属于5个生物界，44个门。

动物界记录的种类最多（12794种），其中种类最多的是脊索动物、节肢动物和软体动物等3个门。植物界6个门中，包括海藻和维管束植物两大类。海藻3个门已记录的有794种，原生动物界已记录了7个门近5000种，其中肉鞭毛虫门的有孔虫、放射虫，以及硅藻门研究比较深入。

海洋生物物种多样性因所处地域的不同变化很大。海藻、珊瑚、螺、蟹和鱼等许多生物类群于热带地区的多样性比寒冷地区的高得多（表5-3）。海星和巨藻（褐藻门、海带目）等类群则在温寒带的东北太平洋沿岸水域内生活的最多。

表5-3　热带海洋中的生物物种数　　　　　　　　　　　　　　单位：种

生物类群	地域及物种数			
	印度洋—西太平洋	东太平洋	西大西洋	东大西洋
软体动物	6000+	2100	1200	500
腔肠类、甲壳动物	150+	40	60	10
短尾类、甲壳动物	700+	390	385	200
鱼类	1500	650	900	280

物种多样性在印度洋—西太平洋，特别是位于菲律宾、印度尼西亚和澳大利亚东北部区域达到了顶峰，在物种总数和特有性程度，也就是在物种水平上和较高分类阶元的水平上的特有性（如属、科）都达到了高度多样性。东太平洋和西太平洋的物种多样性为中等，东大西洋区域物种多样性最低。

无论是陆生生境（包括淡水），还是海生生境的物种多样性都反映出：(1)动物界物种多样性高于植物界；(2)分类阶元较低的物种多样性高于较高阶元物种多样性；(3)个体小型物种的多样性高于个体大型的物种。上述现象，在海洋生境中尤为明显。海洋被誉为动物的世界。

3. 生态系统多样性

生态系统多样性为最高层次的生物多样性。生态系统多样性与生物圈中的生境、生物群落和生态过程等的多样化有关，也与生态系统内部由于生境差异和生态过程的多样性所引起的极其丰富的种群多样化有关。

海洋的可栖息容量要比陆地大数百倍，而且海水是互相连接的，浩瀚的海洋给予海洋生物有较大的分布范围。然而如上所述，实际上海洋中存在着众多无形的阻隔（界限）。对海洋生物而言，就是存在着不同的生态环境。

不同的生态系统反映出各自的生态环境特征和与之相适应的生物群落结构，以及环境与生物、群落内各种群之间的生态过程及其所表达的整个生态系统功能的特征。因此，在讨论生态系统多样性时需要了解生物群落的性质。全球海洋内的主要生物群落有如下几种。

1）近海生物群落

近海生物群落主要包括由潮间带至大陆架边缘内侧、水体和海底部的所有生物。潮间带是海洋与陆地之间的过渡带。图5-3显示了潮间带生物成带分布状况、优势种群和不同底质中生活的部分底栖生物类群。

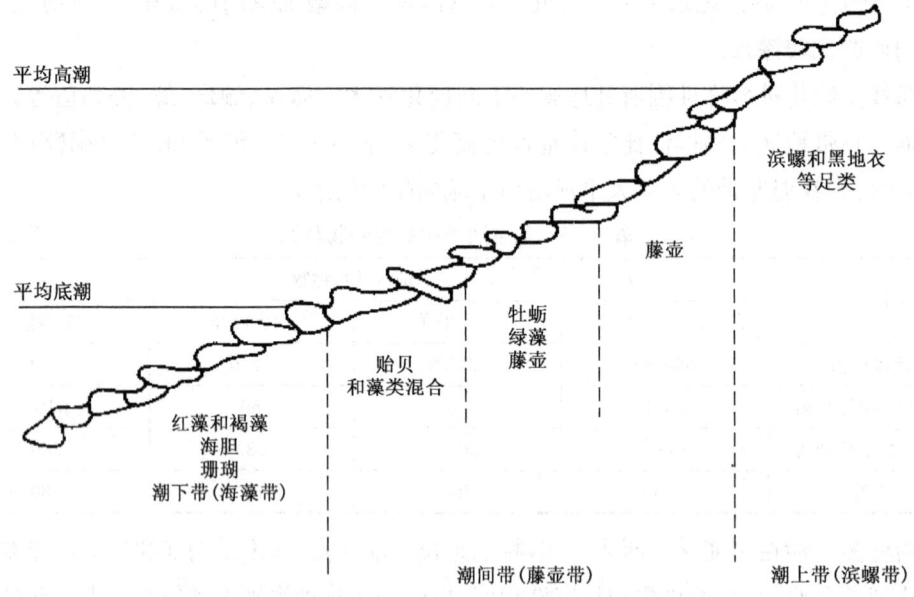

图5-3 潮间带生物成带分布状况及优势种类群

潮间带到大陆架内缘的海水温度、盐度和光照条件等的变化强度与外海相比，显出明显的不稳定性。此区还受到陆源和季节气候等的影响，环境因素的变化较为强烈而复杂。环境因素变化的幅度，由潮间带近岸向外至大陆架内缘，逐渐由大转小。

生活在此区的浮游生物，无论是浮游动物还是浮游植物，主要成员对环境变化都具有较强的适应能力，有明显的季节变化和种群交替。其中，浮游植物的组成主要是硅藻和甲藻，以及微型鞭毛藻类；浮游动物中有桡足类、磷虾类等甲壳动物，原生动物中的有孔虫、放射虫、砂壳纤毛虫；软体动物中有翼足类、异足类；腔肠动物有小型水母、栉水母；浮游被囊类、多毛类和毛颚类等，反映此区浮游动物特征的是具有大量季节性浮游动物。这是由于大多数底栖动物和很多自游生物在幼体（虫）阶段营浮游生活的缘故。如藤壶的腺介幼虫、腔肠动物的浮浪幼虫、软体动物的面盘幼虫、担轮幼虫以及鱼卵和仔鱼等。

　　底栖生物中的植物主要是大型海藻类，如绿藻、褐藻和红藻门中的一些种类，以及红树等少数海洋高等植物，主要分布在光线能透到的岩石和硬质底质的海底。此外，还有微小的底栖性硅藻和其他门类中的少数种类。它们共同组成了海藻场微环境，从而引来了一些游泳生物捕食或产卵。很多种具有经济意义的鱼、虾、贝类亦在此繁衍生息。此区的底栖动物种类丰富多彩，几乎包含所有动物各类的代表，不同的海洋底质生长有不同类型和具有不同生态特性的种类，形成了非常庞大而复杂的组合。图5-4表示了生长在近岸水域不同底质类型中的部分底栖动物类群。

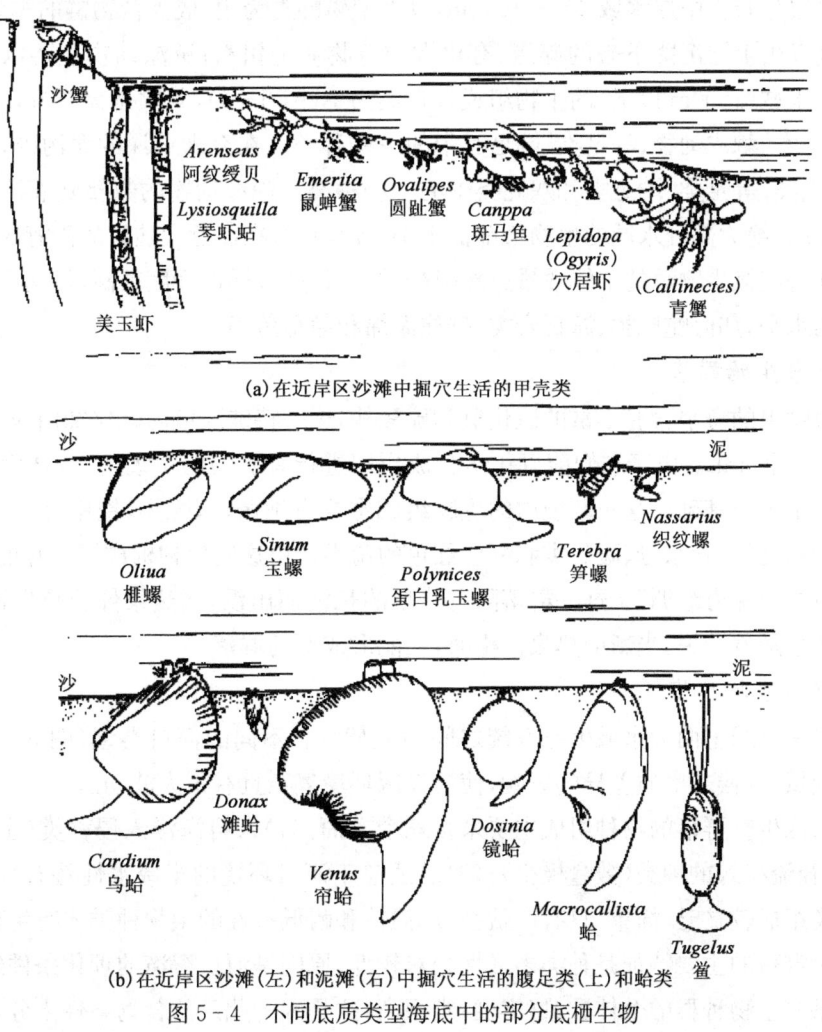

图5-4　不同底质类型海底中的部分底栖生物

游泳生物主要包括鱼类、大型甲壳类、爬行类和哺乳类中的一些种类。其中主要是鱼类,世界渔场几乎都位于大陆架及其附近海域。大部分鱼类均有洄游习性。此外,爬行类中的海龟等和海兽中的海豹等虽然都能在海上取食,但必须回到陆地、海岛去繁殖后代。海洋鸟类亦是近海生物群落的成员。

近海生态环境虽然复杂而多变,但它为不同生活习性、不同生物类群提供了良好的生存空间。这里生物资源丰富,水域生产力高,此海域的渔获量占海洋总渔获量的80%以上。

2) 大洋生物群落

大洋生物群落包含从大陆架边缘外侧直到深海的整个海域内的海洋生物。大洋的生境特征与近海相比,相对比较稳定。但由于光照、水深等的影响,水体上层的环境诸因素变化比较大,但随着水深增加而趋于相对稳定。

在上层水域(200m以上),浮游植物以微型浮游种类为优势;浮游动物则以终生浮游动物为主;大洋上层的游泳动物种类相当丰富,经济价值极高的乌贼、金枪鱼、鲸等都主要在这一水层分布。中层水域200～1000m,以大型磷虾类为主,成为食物链的主要环节,小型动物则以由上层沉降下来的碎屑、有机颗粒等物质为饵料;游泳动物主要以鳕鱼类为主。深层水域(1000m以下)的生物组成以鱼类为主(图5-5),其次是无脊椎动物中的甲壳类、多毛类、棘皮动物、等足类、端足类中的一些种类。在万米水深的海沟内,已发现有海葵、多毛类、等足类、端足类和双壳类中的一些种类。深海动物的数量随着海水深度的增加而递减,绝大部分水域的生物量都低于$1g/m^3$,只有在靠近大陆架的深海区生物量才较高。深海底栖生物总的个体数量虽然很少,但其种类多样性程度很高,可达到珊瑚礁生物群落的水平,如海蛇尾类、海百合类、硅质海绵和鼎足鱼等。

3) 热泉生物群落

热泉喷出的海水含有丰富的硫化氢和硫酸盐,这一特殊环境内硫化细菌非常丰富,密度高达10^6个/mL。由于它们能以化学合成作用进行有机物的初级生产,从而为滤食性动物提供了饵料基础。这一环境内的生物组成主要有细菌、双壳类、铠甲虾、与细菌共生的巨型管栖动物、管水母、腹足类和一些红色的鱼类。由这些生物构成了特殊的热泉生态系统,被称为"深海绿洲"。这一群落随着热泉的长消而出没,当热泉停止喷发而消失时,这一群落也随着消失,当新的热泉产生时,又能形成新的群落。

4) 河口生物群落

河口是地球上两大水域生态系统之间的交替区。不同的河口类型(图5-6)以及河口所处地域、气候或底质差异的影响,使河口区环境复杂且有很大波动。

河口区生物群落的物种组成主要来自三个方面:(1)来自海洋入侵种类(主要成员);(2)淡水径流移入的种类(数量极少);(3)已适应于河口环境的半咸水性特有种类。该区生物种类组成较贫乏、简单,只有广盐性、广温性和耐低氧性的生物种类才有生存的机会。河口生物群落的主要特征是种类多样性相对较低,原因是河口海湾的理化条件经常不利;相对的某些生物种群的个体数量(丰度)则很高,这是因为此区的食物条件十分适宜。

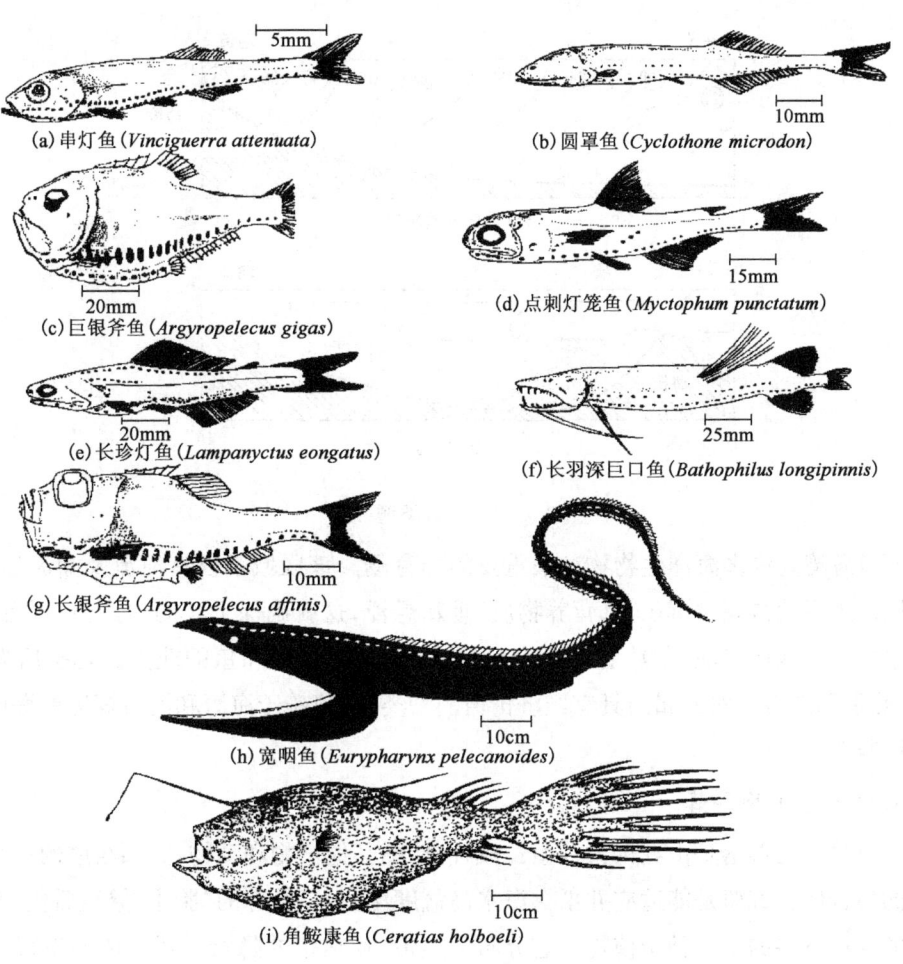

图 5-5 生活在大洋中层和深层的部分鱼类

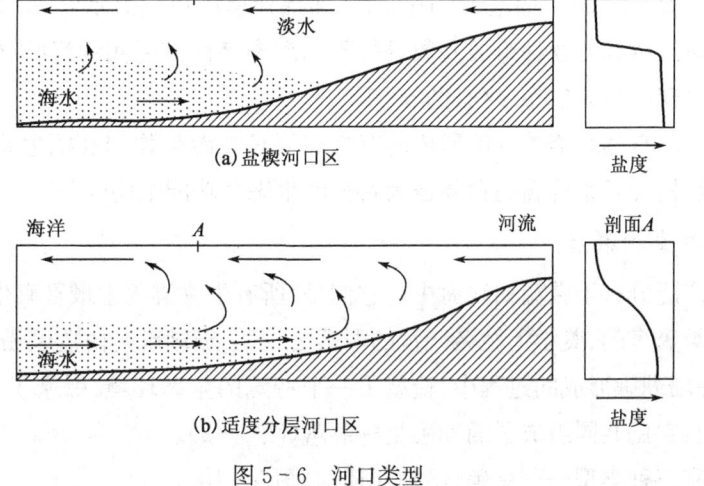

图 5-6 河口类型

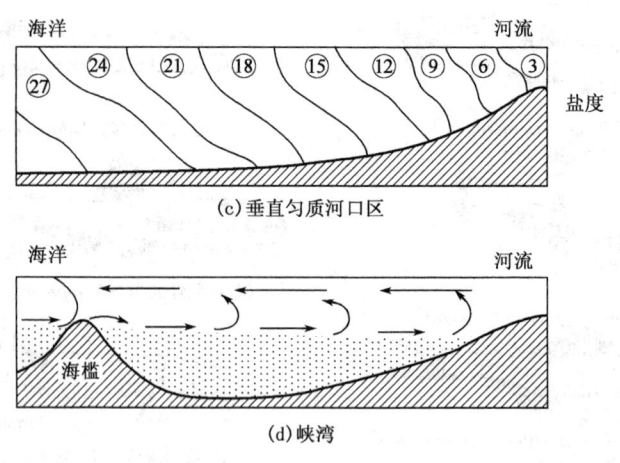

图 5-6 河口类型(续)

河口海湾是许多海洋生物物种最重要的养育场。该区域不仅有河流及潮流的影响,还在风作用下使得底质沉积物(营养物质)重新悬浮,这就确保了其高生产力;再者,由于河口水域往往浅而混浊,制约着捕食者到此追捕幼体虾、蟹和鱼的能力。几乎所有暖温带、亚热带和热带的对虾属内具有经济价值的种类,都依赖于海湾和河口等近岸海域进行阶段性养育。

5) 红树林生物群落

红树林生物群落是由红树大片生长成林,伴随其他植物和动物,共同组成的一个互相联系的集合体。红树是能适应并抵御海水高盐度压力,以特殊的"胎生"繁殖后代,在海中生活的为数不多的木本种子植物。它分布于热带、亚热带的隐蔽或者与风相平行的淤泥沉积且呈酸性的岸带,尤其是在河口和三角洲地区较多。由于受海水温度及潮汐影响,不同地域红树林群落的组成和同一区域内不同种红树的分布都有明显的差异。红树大多适宜于年平均水温 24~27℃的范围,中国浙江和福建厦门以北海水年平均温度低于 21℃,所以这些海域红树林的物种组成和数量都不如海南岛区。受潮汐影响,红树林物种在同一岸带区会出现明显的生态序列(图 5-7)。

大量红树叶自然脱落被分解形成的有机碎屑是浮游生物和底栖生物的良好饵料,从而形成了以红树叶开始的腐屑食物链为特征的生态系功能结构(图 5-8)。

6) 珊瑚礁生物群落

珊瑚礁广泛分布于暖温的浅海中。它们是"所有生物群落中最富有生物生产能力的、分类学上种类繁多、美学上驰名于世的群落之一"。珊瑚礁是由造礁珊瑚和造礁藻类共同组建的,在珊瑚礁形成的过程中,造就了一个特殊的生态环境,引来了丰富多彩的礁栖动、植物种类,它们共同组成了珊瑚礁生物群落(图 5-9)。

珊瑚礁有三种类型——岸礁、堡礁和环礁(图 5-10)。

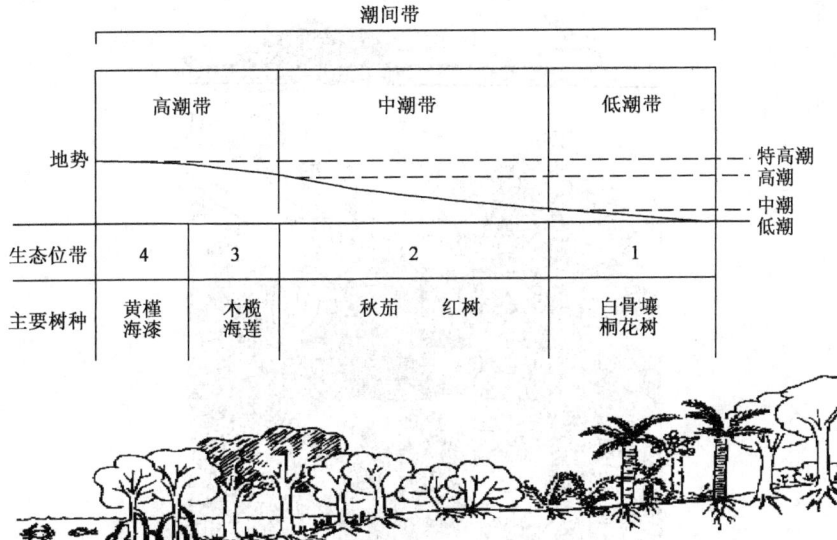

图 5-7 红树物种成带分布

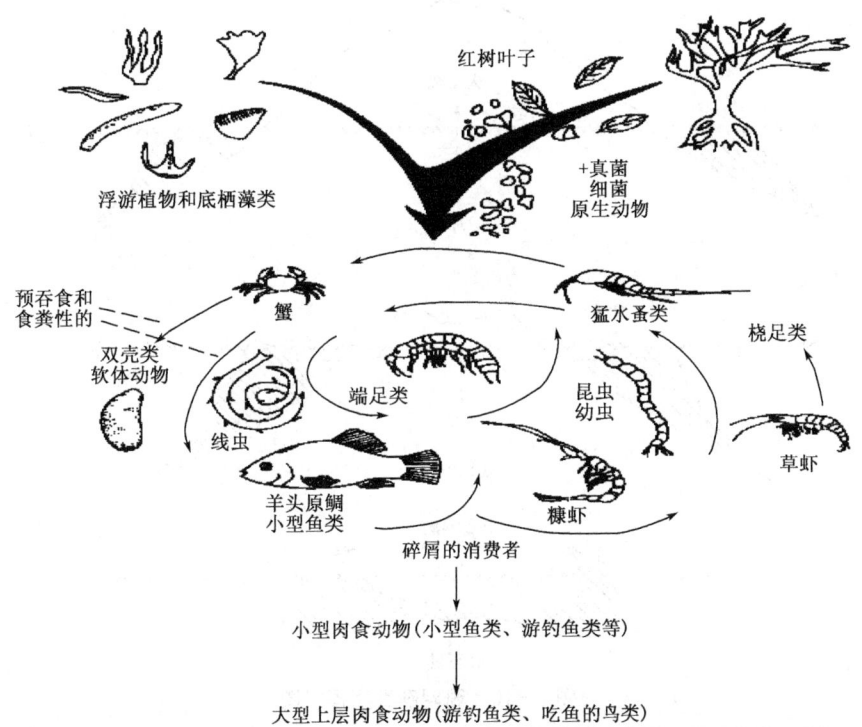

图 5-8 在佛罗里达北河口中食物碎屑的杂食性系统中的能量和物质流向

珊瑚礁生物生长的海域水温必须高于 20℃，适宜温度为年平均值 25℃ 左右。珊瑚礁生物群落的生物种类是所有生物群落中最为丰富的，多样性程度亦最高。几乎所有海洋生物的门类都有代表种类生活在珊瑚礁环境之中，它们各自占有适合自身生存的空间。

总之，不同的生物群落与之相应的非生物环境共同组成了多样化的生态系统。

图 5-9 珊瑚礁生物群落

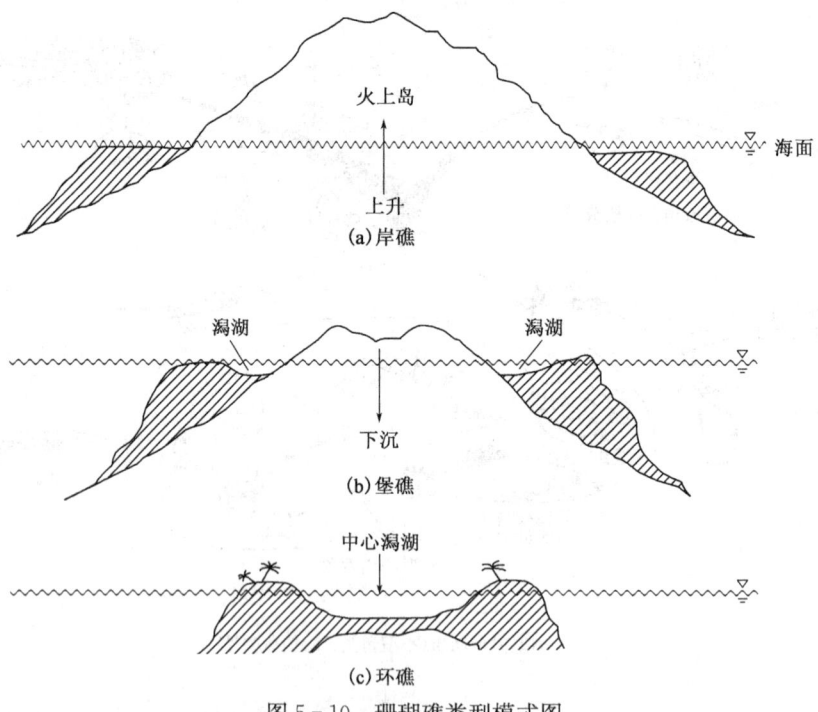

图 5-10 珊瑚礁类型模式图

四、海洋生物资源的利用和保护

1. 海洋生物多样性的利用

迄今,辽阔的海洋已为人类提供了多种多样的、大量的食物、药品、原材料等物质,随着对海洋科学研究的深入,可以肯定,还将会有更多更新的海洋生物物质被不断地开发和利用。

1) 食物

人类虽然在陆地上安居,但却是海洋食物网中的最高环节,消耗着大量的海洋鱼类、无脊椎动物和藻类。1989年全球海洋总的渔获量(包括鱼类、甲壳类、软体动物和藻类)已达 8.58×10^7 t,成为世界上动物蛋白的最大源泉。

值得注意的是,海上养殖(包括人工和半人工养殖)生物的产量在海洋渔业总产量中已占有重要的比例,并且正以每年5%的速度增长,大大快于捕捞渔获量的增长速度。

目前,被人们直接食用的鱼、虾、贝、藻等的种类仅占海洋生物总物种数量的很小一部分。海洋生物多样性为我们提供了广阔的开发利用前景。

2) 医药材料

人类利用海洋生物作为药物治病已有千年以上的历史。自公元前300年起,中国和日本就用海藻来治疗甲状腺肿大和其他腺体病,罗马人用海藻来治愈伤口、烧伤和皮疹,英国人用紫菜预防长期航海中易得的坏血病,食用角叉藻治疗各种内部紊乱病。海人草中含有海人草酸而被用作驱虫药物等。虽然也记载了100多种海洋药物资源及其功用,但是直到1950年,人们在一种荔枝海绵提取物中发现了一些自然形成的阿拉伯糖苷化合物,才激发了从海洋中寻找药物的兴趣。在当代,心血管病、癌症、糖尿病、艾滋病等严重威胁着人类的健康和生存,为寻找新药,80年代后期,已掀起了研究开发海洋药物的热潮,并取得了不少成效。目前从海洋生物中已经发现具有重要生理及药理活性的化合物就达上千种,中国近海已发现具有药用价值的海洋生物达700多种。

3) 工业材料

海洋生物的工业用途最早是从海藻开始,17世纪的法国燃烧褐藻使之成为灰分,从中提取钠盐(苏打)和钾盐(钾碱)。随后,又从海藻的分解过程中获得了碘和可用于爆破的丙酮溶剂。甘露醇等亦是海藻工业中的主要产品之一。

藻胶主要是从红藻和褐藻中提取的多糖产物。其中,琼脂是从红藻中的石花菜、江蓠中提取的。琼脂可以直接食用,同时作为食品保护剂、固定剂,或作为啤酒、葡萄酒和咖啡的澄清剂,又可以用琼脂代替淀粉制备糖尿病人的食物,更重要的用途是作为微生物的培养基基质等。螺旋藻能直接作为"绿色食品"供人类食用,因其含有60%~70%的蛋白质(并由几百种的蛋白质组成),所含18种氨基酸中的8种是人体所必需的。从螺旋藻中分离出的拟生长因子(GFL)可以强烈刺激人体细胞增长;螺旋藻经过特殊诱变,可以大幅度增强 SOD(超氧化物歧化酶)的合成,从而清除自由基,保护细胞 DNA、蛋白质,防止癌变和衰老;从螺旋藻中提纯的藻蓝蛋白可以提高机体免疫力;螺旋藻中维生素种类丰富,其中 V12 是已知生物体中含量最高的,其胡萝卜素含量比胡萝卜内的含量还高十倍以上,为 Va 的前体,同样可以抑制自由基,抑制癌症和肿瘤的发展;螺旋藻多糖可以提高淋巴细胞的活性,增强机体免疫力;还有易被人体吸收的多种微量元素和矿物质,能有效调节机体生理平衡及酶的活性。

从甲壳类(虾和蟹等)动物的外壳中提纯的甲壳胺及其衍生物,已在诸如化工、贵重金属提取及污水处理等很多领域内得到广泛的应用,尤其在饮料和药物制剂方面更为突出。用它制造的人工皮肤对各种创伤面具有镇痛、不过敏、无刺激、不被排斥、贴敷性较好和治疗时间明显缩短等优点。

斯里兰卡、菲律宾、印度尼西亚和波利尼西亚等一些岛屿国家,都用活珊瑚、珊瑚石、珊瑚沙等作为重要的建筑材料。

4)对海洋环境和调节全球气候的作用

海洋生物的生理过程对海洋环境的变化起作用。全球大气中CO_2含量上升,使海洋表层溶解碳的浓度提高了2%,但仍没有深层水高。这是因为浮游动物捕食及其有机组织(有些种类是碳酸钙质贝壳)下沉而造成的。可以想象,如果海洋浮游植物全部消失而海洋环流依旧,那么,在相当短的时间里,大气中CO_2的水平将迅速增加至目前的2~3倍,因为深海水会再回到表层并向大气内释放CO_2。正是由于海洋生物有"生物泵"作用,从而阻止了上述现象的发生。在生产力最高的一些海域,如陆架、大陆坡上升流区以及辐散区(如赤道和近极区)等,往往也是"生物泵"工作最艰苦的区域。

珊瑚礁、红树林、海草等群落,不仅丰富了海洋生物多样性,支持着重要的食物网,增加了海洋生态系统中的能量流动。同时,还能缓冲风暴潮及狂浪的冲击,保持了岸滩,而且具有造陆的贡献。在印度洋、西太平洋的许多群岛,如马尔代夫群岛、土阿莫土群岛及马绍尔群岛等岛屿,都是通过造礁珊瑚和富含钙质的藻类如仙掌菜等共同形成珊瑚礁。

2. 海洋生物多样性面临的威胁

在漫长的岁月里,海洋生物不断遇到非生物环境变化的挑战,只有能顺应变化或逃避变化迎接挑战的那些物种才能繁衍生息、持续发展。但是,人类活动大大增加了环境变化的强度、速度,并且造成难以恢复或无法逆转的后果。强烈的环境变化必然威胁到物种的生存。

海洋生物多样性面临的威胁最初来自人类活动最密集的河口和沿岸近海水域,但是现今人类活动已遍及海洋各处,当今物种和生态系统所受到的威胁已达到最为严重的程度。

人类活动通过过度利用、自然条件改变、海洋污染、外来物种入侵和造成全球气候变化等方面直接或间接地危及海洋生物。

1)过度利用

人类为从海洋中获取食物、医药、原材料等而大量捕捞海洋生物。实际上,所有具有商业价值的海洋生物至少在部分地区被过度利用。过度利用不仅损害物种规模,而且会引起物种遗传上的变化,改变与捕食动物、共生者、竞争者和捕食动物之间的生态关系。

目前全球的海洋水产捕捞业不仅过度利用诸多目标鱼类和无脊椎动物,同时非有意捕捞也捕杀了大量无脊椎动物、鱼类、海龟、海鸟和海洋哺乳动物。美国东北部底层拖网捕捞黄尾比目鱼时,非目标鱼类占76%;在东南大西洋和墨西哥湾的拖网捕虾中,每年捕获并丢弃100亿尾鱼以及5500~55000只海龟,也包括濒临灭绝的鳞龟。

鱼类并不是唯一被过度利用的脊椎动物。一般寿命长,繁殖慢的海洋哺乳动物、海鸟和海龟等,对过度利用极为敏感。一旦被大量捕捞后就难以恢复,致使上述种类和海生水獭、地中海海豹等物种已近灭绝边缘,加勒比海水獭和大海雀也大受其害。1968年,船员们杀死了最后一头重达4~10t的哺乳动物海牛(Hydrodamalis gigas),离人类发现此种生物仅27年。露脊鲸在1800年几乎绝迹,鲸类现在仍处于灭绝状态。19世纪末期,在40年内捕获的鲸比过去4个世纪捕获的还多。至今,几乎每种鲸都被过度利用。无脊椎动物中的海绵动物、腔肠动物中的珊瑚类、软体动物中的珠母贝、夜光蝶螺和鲍类,以及海洋植物中的红树林,在不同国家的局部海域内同样受到过度利用,一些种类亦处于面临灭绝的境地。表5-4是已知处于危险之中和已灭绝的海洋动物种类。

表5-4 在历史上已灭绝的海洋鸟类和哺乳类

俗 名	学 名	分布范围	大 洋
奥克兰岛秋沙鸭	Mergus australis	奥克兰群岛(新西兰)	太平洋
瓜德罗普海燕	Qceanodroma macrodactyla	瓜德罗普岛(墨西哥)	太平洋
小笠原夜鹭	Nycticorax caledonicus crassirostris	小笠原群岛(日本)	太平洋
北鸬鹚	Phalacrocorax perspicillatus	科曼多尔群岛(俄罗斯)	太平洋
无齿海牛	Hydrodamalis gigas	科曼多尔群岛(俄罗斯)	太平洋
拉布拉多鸭	Camptorhynchus labradorius	拉布拉多(加拿大)到新泽西(美国)	大西洋
大海雀	Pinguinus impennis	马萨诸塞州(美国)到挪威和法国	大西洋
海貂	Mustela macrodon	新斯科舍(加拿大)到新英格兰(美国)	大西洋
加勒比隐士海貂	Monachus tropicalis	加勒比海	大西洋
大西洋灰鲸	Eschrichtius robustus	北大西洋	大西洋

2) 自然条件改变

填海造地、采伐红树林、海岸河口筑堤、海滩挖沙、采矿和石油天然气的开发等都严重地改变了局部海域的自然环境,使海洋生物承受巨大的环境压力。所有这些人为活动对海洋生物多样性的损害作用又往往是多方面的。

渔业拖网破坏了生物活动层,不仅改变了被拖区域内的物种组成和结构,亦改变了生态系统过程,如碳的固定、氮和硫的循环、碎屑的分解、营养物重返水层等。拖网后,水体悬浮颗粒含量可猛增10倍,严重影响水体内浮游植物的光合作用,拖网还直接改变海底底质的结构。由于拖网的普遍存在,其影响的海域往往又是海洋生物物种密集的陆架海域,因此,它对海洋生物多样性的危害是非常严重的。

江河丰水期径流入海带来了丰富的陆源营养物质,补充了浮游植物的消耗,提高水域的"肥力",但同时也带来了大量无机的颗粒悬浮物,严重地影响海水的透明度,不仅降低了浮游植物光合作用效率,亦加速了浮游植物的沉降速率,从而导致混浊区生产力明显低下的局面。相反,江河断流或流量减少,使陆源丧失或减少沉积物和营养物的供应,对河口和沿岸生态系统有明显影响,如三角洲及红树林、沼泽和泥滩生物群落退缩。世界著名的埃及阿斯旺大坝建成后,总渔获量下降 80%。中国黄河上游大水库的建立,沿途截流和气候影响而连续出现断流,以及即将建成的长江三峡水库等,都将对渤海和长江口以及东海水域产生影响。

3) 海洋污染

海洋污染主要来自城市生活和工业废弃物、农业上过量的化肥和农药的排放以及航运业的排入。近 20 年来,大规模发展起来的海水养殖业,同样对海洋生态环境产生严重影响。此外,空气中传送有害物质将危及大洋海域。噪声污染对海洋哺乳动物也产生了威胁。

进入海洋环境的有毒物质包括铅、汞、镉等微量金属元素,放射性核素和石油,以及类似 DDT 和 HCH 等杀虫剂,造纸排放的有毒化学品二氧吲哚,船舰和海上设施防腐油漆中的 TBT 等。进入海洋的大部分有毒物质都停留在海岸带内,然而空气中有毒物质的传布可使海洋表层富集的污染物浓度有时比深层水高出数百倍。发达国家把放射性核废料抛入深海,终有一天会散发出来,危及那里的深海生物。某些浮游生物富集放射性核素比天然水体高出 20 万倍,它们又通过食物链的逐级传递危及许多动物。对毒物敏感的物种可引发疾病、免疫系统损害、繁殖率下降以及畸变直至死亡;耐污染的物种则大量繁殖,致使耐污染基因类型得以发展,终将影响物种的遗传多样性。

海水富营养化将导致海洋植物种类组成发生变化,致使有些藻类得以暴发而发生"赤潮",引起大量鱼类和无脊椎动物死亡,造成低氧或缺氧环境,亦能引起底栖生物群落结构发生变化。

各种固体废弃物倾入海内,特别是难降解的合成材料如塑料制品、捕鱼器具等,容易伤害一些海洋动物。被丢弃的网具,包括鱼夹及线,不断地缠绕海洋生物,致死的海洋生物又引来了其他动物,形成恶性循环,这一现象被称之为"鬼魂捕捞"。塑料废弃物很容易被某些海洋动物所吞食,严重的可能死于堵塞。几乎每年有几千只阿拉斯加普里比罗夫群岛上的北海狗受害致死。固体废弃物对海洋生物的危害已成为日益严重的问题。

4) 外来物种入侵

外来物种是生态入侵、生物污染、外来种和引入种等的同名词,是指由人类活动有意或无意引入在某海域历史上从未出现过的物种。外来物种具有竞争性、捕食性、寄生性和防卫性。外来物种入侵的主要途径是船舶压舱水的排放和引入养殖种类。一艘大型货船的压舱水中带有几百种浮游生物、底栖生物、游泳生物的幼体或藻类孢子等,全球庞大的海运网几乎在任何时刻都能把几百种生物送往世界各大洋。一些双鞭甲藻和硅藻出现在以前并不存在的海水中,在得到必要的营养条件下就会造成赤潮。自1869年苏伊士运河开通以来,就有250余种生物从红海进入地中海。20世纪70年代开始,水产养殖支持者把具有经济价值的鱼、虾、贝(牡蛎、扇贝)等物种的引入同农业引种同等看待,这对发展海洋农牧化经济具有重要意义,但在引种前,必须对引进种在今后对该海域可能产生的环境影响进行科学论证,真正做到利大于弊。因为物种侵入有可能导致自然生物群落的根本变化,再加上寄生虫和疾病的影响,所造成的经济和社会后果是严重的。例如,引入西大西洋的栉水母已毁坏了亚速海和黑海的渔业;现遍布于地中海的红海贝类也损害了以色列的渔业、沿岸电厂和旅游业;有毒浮游生物的引入导致赤潮不仅毒害生物群落内的其他种群,还通过贝类传递有毒物质直接对人体健康产生严重影响。人为及自然的物种入侵仍在继续,如果得不到控制,后果不堪设想。

5) 全球气候变化

同温层臭氧浓度在减少,到达地球表面的太阳紫外线辐射增加,而紫外线辐射能深及海洋生物生态系统比较活跃的水层(10m深度)内,生物体中的蛋白质和核酸受紫外线辐射后会发生化学变化,损害遗传物质DNA。据估计,臭氧减少10%,导致损害DNA的紫外线增加28%,紫外线已经对海洋浮游生物和某些鱼类幼体阶段的生物种群产生影响。

据估计,由于温室气体的增加,地球平均温度在下一世纪将增加1~3℃,温室效应改变了地球表面热量分布,也将改变海洋环流、降水和风暴路径。海水温度的上升将引起水体膨胀、冰川融化,从而使海平面上升,继而引起海岸带生态系统向陆地后退,直接影响全球海洋海岸带的生物多样性。海面上升也将损害岛屿生态系统,甚至摧毁一些海岛国家,如马尔代夫由1190个小岛屿组成,仅高出海面2m;由9个环礁组成的链状国家Tuvala,岛屿的最高点仅0.8m,它们即使不被淹没,生态系统也将严重破坏。全世界的盐沼、红树林、珊瑚礁等生态系统亦将随着海平面的上升而遭到严重破坏。再者,随着全球变暖,浮游生物生态类型的分布必将改变,有可能向极地移动,从而影响全球海洋生态系统的格局,或在世界范围内重组海洋生态系统。

3. 海洋生物多样性的保护

海洋生物多样性是人类赖以生存的宝贵财富,人类开发利用海洋生物资源应该遵循可持续发展的原则。必须清醒地意识到,海洋生物物种是海洋生物物种多样性的基本单位(成分),只有在种群间得到自然平衡,物种和物种多样性才能持续发展;海洋环境多样化是丰富海洋生态系统多样性的重要基础,生物与环境之间都必须依靠对方的正常运转,才能保持生态系统平衡而得以持续发展;为了当代人类的利益,更是为了造福于后代子孙,必须采取保护海洋生物多样性的对策。例如,国家制定政策能体现保护与发展、局部与整体、眼前与长远利益相结合的原则而不至于刺激滥用生物资源;防止海洋生物环境污染;制定国家和地方级的海洋生物多样性保护对策和行动计划;提供必要的经费保证;加强重要物种及遗传资源的迁地保护,建立自然保护区;加强专业人才培养,促进科学研究是保护和持续利用海洋生物多样性的基础。

海洋生物多样性保护是全球海洋国家共同的任务,必须通过国际或地区合作、交流、共享信息技术,才能使海洋生物多样性保护收到更大的成效。

五、中国近海海洋生物资源

1. 渤海

浮游生物区系属北太平洋温带区东亚亚区,多为广温低盐种。浮游植物总量在四季代表月的平均值居四个海区之首,尤以夏季最高(688.3×10^4 个/m³),而秋季最低(75×10^4 个/m³)。浮游动物总生物量以春季最高($139mg/m^3$),冬季最低($62mg/m^3$)。底栖生物总生物量有明显的季节变化,依次为秋＞夏＞春＞冬。浮游植物的优势种夏季是菱形海线藻,其次为梭角藻。浮游动物的优势种是强壮箭虫,四季均出现,而以夏季数量最多。最重要的浮游生物资源是中国毛虾,曾创年产 10×10^4 t 的纪录。

底栖动物属印度—西太平洋区系的暖水性成分。三大海湾均有丰富的虾、蟹和双壳类软体动物资源。最著名的中国对虾,年捕获量可达$(1\sim3) \times 10^4$ t。三疣梭子蟹的产量居中国近海之首。主要经济贝类有毛蚶、牡蛎、蛤类、贻贝与扇贝。名贵的棘皮动物有刺参。底栖植物资源以温带种为主,例如海带、紫菜、石花菜等。

鱼类区系是黄海区的组成部分,鱼类多达 150 种,半数以上属暖温带种,其次为暖水种。主要经济鱼类有小黄鱼、带鱼、黄姑鱼、鳓鱼、真鲷和鲅鱼等。主要渔场有辽东湾、渤海湾、莱州湾渔场等。

2. 黄海

浮游生物带有北太平洋暖温带系和印度—西太平洋热带区系的双重性,但以温带种占优势,多为广温性低盐种。通常在每年的春、秋两季出现两次数量高峰。在海区东南部,夏、秋两季有热带种掺入,是外来的,季节变化显著。浮游植物总量以冬季最高(414×10^4 个/m³),春季最低(16×10^4 个/m³),优势种是梭角藻。浮游动物总生物量亦为冬季最高($84mg/m^3$),生物量主要由强壮箭虫、中华哲水蚤等组成,平均最低在夏季,为 $50mg/m^3$。底栖生物总生物量的季节变化为秋＞夏＞春＞冬。最重要的浮游生物资源是中国毛虾、太平洋磷虾和海蜇等。

底栖动物区系具有较明显的暖温带特点,在黄海的沿岸浅水区,底栖动物主要是广温性低盐种,基本上属于印度—西太平洋区系的暖水性成分。当然,在黄海冷水团盘踞的深水区,则属于北温带冷水种群落,其代表是北方真蛇尾。经济贝类有牡蛎、贻贝、蚶、蛤、扇贝和鲍鱼等;经济虾、蟹资源有中国对虾、鹰爪虾、新对虾、褐虾和三疣梭子蟹,刺参的产量相当可观。底栖植物也以暖温带种为主,分为东、西两部分。西部冬、春季出现个别亚寒带优势种;夏、秋季还出现一些热带性优势种。主要资源是海带、紫菜和石花菜等。

鱼类区系属北太平洋东亚亚区,为暖温带性,又以温带性占优势。种类比渤海多1倍,不下300种。主要经济鱼类有小黄鱼、带鱼、鲐带、鲅鱼、黄姑鱼、鳓鱼、太平洋鲱鱼、鲳鱼、鳕鱼、蓝点马鲛、叫姑鱼、白姑鱼、牙鲆等,还有头足类(乌贼)和鲸类(长须鲸、虎鲸)等。主要渔场有海洋岛、烟威、石岛、海州湾、连青石、吕泗、大沙渔场等。

3. 东海

浮游生物区系属北太平洋温带区的东亚亚区,而以暖温带性种为主,在受台湾暖流影响的区域还出现亚热带和热带种,台湾海峡则属印度—西太平洋热带区的印—马亚区。浮游植物总量在近河口区域高于外海,季节变化是春、夏最高,秋、冬最低;在台湾海峡以春季最高、冬季最低。浮游动物总生物量夏季最高,平均达178mg/m³,尤以长江口外海、舟山渔场和嵊泗渔场一带较密集;最低在冬季,平均仅为24mg/m³。高生物量主要由中华哲水蚤、中华假磷虾和肥胖箭虫等组成。并基角刺藻是常见种,也是台湾海峡的优势种(春季),海峡的优势种还有洛氏角刺藻(春、秋季),尖刺菱形藻(夏季)等。夜光藻对江、浙、闽沿岸水有指示意义;热带戈斯藻、达蒂角刺藻、钩梨甲藻等可指示春季黑潮暖流和对马暖流的路径;在东海南部,密聚角刺藻、异角角刺藻等可指示台湾暖流北上的海域;真刺唇角水蚤可作为冬季长江冲淡水的指标种;中华假磷虾是沿岸低盐种的指标种;拿卡箭虫分布区域的变动,可指示沿岸水的消长进退。东海浮游有孔虫主要分布在黑潮及其分支所流经的高温高盐水域,敏纳圆辐虫也可作为该流系途径的指标种。隆线似哲水蚤对黑潮次表层水爬坡涌升有指示作用。

底栖生物总生物量以春季最高,依次再为冬、夏、秋季。底栖动物西部属印度—西太平洋热带区的中—日亚区;东部属印度—西太平洋热带区的印—马亚区;在黑潮区域,热带性成分增大;冲绳海槽底部,表现出深海动物特征;长江口—济州岛—对马岛连线附近水域,是北太平洋温带区系和印度—西太平洋热带区系的交汇之处。底栖动物资源中,双壳类和虾类占重要地位,三疣梭子蟹和锯缘青蟹产量也很大。底栖植物西部属印度—西太平洋热带区的中—日亚区,东部属印度—西太平洋热带区的印—马亚区。闽江口之北以暖温带种为主,闽江口以南及九州西岸海域则以亚热带种为主;黑潮区以热带种为主。沿海底栖植物资源相当丰富,浙闽沿岸有浒苔、海带、昆布、裙带菜、紫菜、石花菜和海萝,闽江口以南还盛产种子植物,特别是红树林。

东海鱼类多达600种。西部区系属印度—西太平洋热带区中—日亚区,暖水性种约占半数以上,其次为暖温性种;东部属印度—西太平洋热带区印—马亚区,以暖水性种占绝对优势。东海的传统性经济鱼类主要是带鱼、大黄鱼和小黄鱼,最佳年捕获量曾分别创下$50×10^4$t、$18×10^4$t和$15×10^4$t的纪录。此外,马鱼鲀、鲐鱼、蓝圆鲹鱼和沙丁鱼等捕获量也较多,头足类的墨鱼(无针乌贼)产量也很高。近海渔场主要有长江口、舟山、鱼山、温台、闽东、台北、闽南、济州岛和对马渔场等。其中,舟山渔场是中国最大的渔场,四季皆有渔汛,春季有小黄鱼、鲐鱼、马鲛鱼,夏季有大黄鱼、墨鱼、鲷鱼,秋季有海蟹、海蜇,冬季有带鱼、鳗鱼和鲨鱼等。

4. 南海

浮游生物区系属印度—西太平洋热带区的印—马亚区,以热带种为主,具有热带大洋特征。北部沿岸浅水区,在冬季因受季风环流影响,有暖温带种出现,如并基角刺藻、洛氏角刺藻、四叶小舌水母、拟细浅室水母、拿卡箭虫、肥胖箭虫、中华哲水蚤、普通波水蚤、中型莹虾等。其特点是持续时间短,且有较大的年际变化。海盆深水中生活的浮游生物种类稀少,生物量也很低。沿岸水域主要浮游生物有日本毛虾、红毛虾、锯齿毛虾、海蜇和黄斑海蜇等。

底栖动物资源相当丰富。北部沿岸浅水区属印度—西太平洋热带区中—日亚区,基本上都是热带和亚热带浅水种。南部,包括西沙群岛、南沙群岛等,属印度—西太平洋热带区印—马亚区,基本上都是典型的热带种,特别是造礁珊瑚极其发达。1000m以深的深水区,底栖动物具有深海特征。主要底栖动物资源有珠母贝、近江牡蛎、翡翠贻贝、日月贝、杂色鲍、墨吉对虾、长毛对虾、中国龙虾、远游梭子蟹、锯缘青蟹、梅花参、刺缘参、黑海参等。

底栖植物可分为南、北两区。北区的广东沿岸属印度—西太平洋热带区中—日亚区,出现以亚热带性种为主的代表种。南海诸岛为南区,属印度—西太平洋热带区印—马亚区,基本上都是典型的热带种。经济藻类资源主要有羊栖菜、紫菜、江蓠、鹧鸪菜、麒麟菜、海萝等。南海沿岸还有众多的红树林,构成了具有热带特色的红树林群落。

南海鱼类资源丰富,北部海区有 750 多种,以暖水性为主,暖温带种较少,区系属印度—西太平洋热带区的中—日亚区;南部海产鱼类更多,不少于 1000 种,均为暖水性,属印度—西太平洋热带区的印—马亚区,为热带区系。主要经济鱼类有蛇鲻、鲱鲤、红笛鲷、短尾大眼鲷、金线鱼、蓝圆鲹、马面鲀、沙丁鱼、大黄鱼、带鱼、石斑鱼、海鳗、金枪鱼等。此外,中国鱿鱼、海蛇、海龟、海豚、鲸类等,除有的需保护禁捕外,也有开发捕捞的价值。南海的渔场很多,当前主要开发利用的还仅是部分近海渔场,如粤东、粤西、北部湾、清澜、西沙渔场等,广阔的外海渔场还有待于开发利用。

第二节 海底矿物资源

海洋是巨大的资源宝库,海洋底蕴藏着丰富的矿产资源。在陆上矿产资源日益枯竭的情况下,开发利用海洋矿物资源更显得重要。海洋矿产资源的种类很多,不同学者的分类也有差异。按照矿产资源形成的海洋环境和分布特征,分别介绍滨海砂矿、海底石油、磷钙石和海绿石、锰结核和富钴结壳、海底热液硫化物、天然气水合物等资源类型。

一、滨海砂矿

当陆上碎屑物质被径流搬运至河口、海滨地带,或者原地残存的物质和海底产物经波浪、潮流、沿岸流反复分选,其中一些化学性能稳定和密度较大的有用矿物,在特定地貌部位富集到具有经济意义时便成为滨海砂矿。此类矿产开采方便、选矿技术简单、投资小,是开发最早的海底矿产资源。

滨海砂矿的种类很多,Cronan 将滨海砂矿分为非金属砂矿、重金属砂矿、宝石及稀有金属砂矿三大类,每大类包括若干种。据统计,滨海钛铁矿产量占世界钛铁砂矿总产量的 30%、锡砂占 70%、独居石占 80%、金红石占 98%、金刚石占 90%、锆石占 96%。

一个滨海砂矿往往是由一种或几种矿产为主、有时伴生有若干种有用矿物的不同组合。我国是世界上滨海砂矿种类较多的国家之一,矿种多达 60 多种,总探明储量达数亿吨。具有工业开采价值的主要有钛铁矿、锆石、金红石、磷钇矿、铌铁矿、钽铁矿及石英砂等。我国滨海以海积砂矿为主,其次为海/河混合堆积砂矿,多数矿床以共生—伴生组合形式存在。

二、海底石油和天然气

海底石油和天然气是最重要的海底矿产资源。自 50 年代以来,世界油气勘探和开采工作由陆地逐渐转向海洋,目前已有 100 多个国家和地区在 40 多个沿海国家的海域从事油气勘探和开发,1995 年海洋石油年产量已占世界石油总产量的 31%,到 2000 年世界海洋石油产量为 $12×10^8$ t,占世界石油总产量的 35%。

石油是一种成分复杂的碳氢化合物的混合物,在自然界以液体存在的称为石油,以气体存在的称为天然气。关于石油的成因,曾有过激烈的争论,现在普遍认为碳氢化合物是由生物遗体演变而来的,即目前流行的有机生油说。有机生油说认为,江河带来的大量泥沙不断堆积在海盆、湖沼底部,一些动植物遗体也随之被一起埋葬。生物遗体的分解使泥沙富含有机质而成为有机腐泥。由于沉积物的不断加厚,使温度和压力逐渐增高,再加上细菌、催化剂、放射性物质的作用,这些有机质就可逐渐转变成各种碳氢化合物的混合物,即原始油气。原始油气呈分散状态,由于它是流体,会向孔隙和裂缝多的岩层中迁移。只要油气来源充足,又具备孔隙度良好的储油岩层以及阻挡油气不致散失掉的盖层或圈闭条件,经过一段漫长的时间就能够形成有经济价值的油气藏。

海底石油的生成受到一定条件的限制,其分布亦不均衡。世界海底油气藏主要分布在被动大陆边缘的沉积盆地中,而主动大陆边缘较少。大洋盆地一般沉积较薄,沉积物细、有机质含量低、不利于油气的生成和储藏。世界探明的四大海洋油气区分别是波斯湾、加勒比海的帕里亚湾和委内瑞拉湾、北海和墨西哥湾。其中,波斯湾是目前海洋石油资源最丰富的地区,面积约 $150\times10^4 km^2$,已探明储量 120 多亿吨,约占世界海洋石油探明储量的 50%。

我国沿海有广阔的大陆架,包括渤海、黄海的全部,东海的大部和南海的近岸地带,这里分布着许多中—新生代沉积盆地,沉积层厚达数千米,估计油气储藏量可达数百亿吨,很有希望成为未来的"石油之海"。目前我国近海已发现的大型含油气盆地有 7 个,它们分别是渤海盆地、南黄海盆地、东海盆地、台湾浅滩盆地、南海珠江口盆地、南海北部湾盆地和南海的莺歌海盆地。这部分将在本章的第三节详细论述。

三、磷矿石和海绿石

磷钙石又称磷钙土,是一种富含磷的海洋自生磷酸盐矿物,它是制造磷肥、生产纯磷和磷酸的重要原料。另外,磷钙石常伴有高含量的铀、铈、镧等金属元素。据估计,海底磷钙石达数千亿吨,如利用其中 10% 则可供全世界几百年之用。海底磷钙石的形态有磷钙石结核、磷钙石砂和磷钙石泥三种,其中以磷钙石结核最重要。磷钙石结核是一些大小各异、形状多样、颜色不同的块体,直径一般几厘米,最大体积可达 $60cm\times50cm\times20cm$。磷钙石砂呈颗粒状,大小只有 $0.1\sim0.3mm$,颇似鱼卵。

关于磷钙石的成因有许多假说,较流行的有生物成因说和化学沉淀说。综合的观点是把上述两假说作为磷钙石形成的两个阶段:生物作用阶段是大量繁殖的生物把溶解和分散在海水中的磷酸盐浓集到其机体内;化学作用阶段则是大量生物死亡后,在分解过程中释放出磷,交代方解石和生物残体等化学作用而形成磷钙石。磷钙石按产地可分为大陆边缘磷钙石和大洋磷钙石,前者主要分布在水深十几米到数百米的陆架和陆坡上部,常与泥、砂和含有砾石的海绿石沉积物混合在一起;后者主要产于西太平洋海山区,往往与富钴结壳相伴生。

海绿石是一种在海底生成的含水的钾、铁、铝硅酸盐自生矿物,一般呈浅绿色、黄绿色或深绿色,可以从中提取钾,也可用作净化剂、玻璃染色剂和绝热材料。

海绿石常常与有孔虫和其他钙质有机体在一起,成为多孔有机物的间隙物质或构成假象,也有的呈交代碳酸盐的形式存在。沉积物中的海绿石大多是一些粉砂大小的颗粒,镜下呈粒状、球状、裂片和其他复杂的形态。

海绿石的成因至今尚无定论,一般认为它是由无机矿物或有机物质转化而来。如黑云母矿物,在海水的长期浸泡下发生化学变化,最后失去云母矿特性而变成粒状海绿石。另外,生物排泄的粪团和黏土物质,也可在海洋环境的适宜条件下转变为海绿石。海绿石的分布水深范围变化很大,从 30m 到 3000m 都有发现,但多集中在 $100\sim500m$ 的大陆架和大陆坡上部,个别海湾和深海沙洲也有分布。

四、锰结核和富钴结壳

锰结核又称锰矿瘤、锰团块或多金属结核,发现早期曾称其为铁锰结核。它主要是由铁锰氧化物和氢氧化物组成,并富含铜、镍、钴、钼和多种微量元素,广泛分布于深海大洋盆底表层。据估计,世界深海底锰结核的总储量约为$(15\sim30)\times10^{11}$t,是最有开发远景的深海矿产资源。

锰结核一般呈褐色、土黑色和绿黑色,由多孔的细粒结晶集合体、胶状颗粒和隐晶质物质组成,通常为球形、椭圆形、圆盘状、葡萄状和多面状。结核的个体大小悬殊,小的直径不足1mm,大者直径可达几十厘米甚至1m以上,常见的为0.5~25cm。大部分结核都有一个或多个核心,核心的成分可以是岩石或矿物碎屑,也可以是生物遗骸,围绕核心形成同心状金属层壳结构,铜、钴、镍等金属元素就赋存于铁、锰氧化物层中。

结核含有30多种金属元素,其中的铜、镍、钴、锰、钼都达到了工业利用品位,仅太平洋1800×10^4km^{2}的范围内,在表层1m厚的沉积物中,结核就有1万多亿吨,可提取锰2×10^{11}t,镍90×10^8t,铜50×10^8t,钴30×10^8t。另外,结核中还有含量很高的分散元素和放射性元素,如铍、铈、锗、铌、铀、镭、钍等。

锰结核的成因是个复杂的问题,至今仍未有公认的见解。锰结核主要分布在太平洋,其次是印度洋和大西洋的所有洋盆和部分深海盆地。根据世界洋底的构造地貌特征和海区所处的构造位置,以及锰结核的成分、地球化学和丰度,可在世界大洋划分出15个锰结核富集区,其中8个位于太平洋。东北太平洋克拉里昂与克里帕顿断裂带之间的C—C区($7\sim15°$N,$114\sim158°$W,即图5-11中的1)锰结核丰度高达30kg/m^2,铜、钴、镍的总品位一般大于3%,是最有开采价值的海区。中国已于1991年5月成为世界上第五个具有先驱投资者资格的国家,在C—C区终于获得15×10^4km^{2}的锰结核资源开辟区。

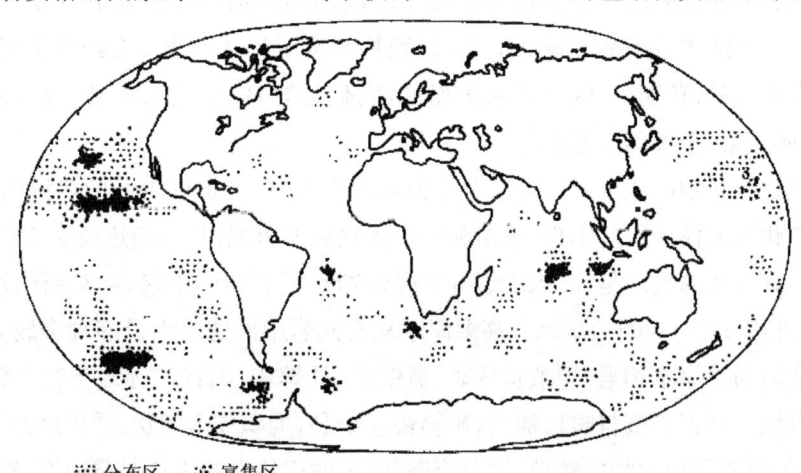

图5-11 世界大洋锰结核的分布

富钴结壳是一种生长在海底硬质基岩上的富含锰、钴、铂等金属元素的壳状沉积物，其中钴的含量特别高。钴是战略物资，备受世界各国的重视。结壳往往产于水深不足 2000m 的半深水区，开发技术和成本都比锰结核低，是具有巨大经济潜力的深海金属矿产类型。

富钴结壳大多呈层壳状，少数包裹岩块、砾石，呈不规则球状、块状、盘状、板状和瘤壳状。结壳厚度一般不大，平均 2～4cm。结壳呈黑色或暗褐色，内部有平行纹层构造，反映结壳生长过程中的环境变化。

富钴结壳含有锰、铁、钴、镍、铅、铜、钛、铂、钼、锌、铬、铍、钒等几十种金属元素，其中钴含量高达 2%，比锰结核中钴的平均含量高 3～5 倍。关于富钴锰结壳的形成过程和机理，目前研究得还不够深入，多数学者认为是水成成因，即钴、铁、锰等金属元素源于海水，结壳沉积可能是纯粹的胶体化学过程。

富钴锰结壳产于海山、海岭和海底台地的顶部和上部斜坡区，通常以坡度不大、基岩长期裸露、缺乏沉积物或沉积层很薄的部位最富集。从分布的地理纬度看，它们仅局限于赤道附近的低纬区，以中太平洋海山区最富集，在印度洋和大西洋局部海区也有发现。

五、海底热液硫化物

海底热液硫化物是富含铜、铅、锌、金、银、锰、铁等多种金属元素的新型海底矿产资源，常与海底扩张中心热液体系相伴生。自 20 世纪 60 年代初首次在红海发现热液重金属泥以来，在世界海洋底已发现 130 多处海底热液活动区。

海底热液矿床主要有两种类型，一种是层状重金属泥，另一种是块状多金属硫化物。前者以红海最典型，称为红海型；后者主要产于洋中脊的裂谷带，称洋中脊型。

红海重金属泥是海底热液沿缓慢扩张中心活动的产物。在红海中央裂谷带已发现 20 多个热卤水池和重金属泥富集区，其中以阿特兰蒂斯 II 号海渊最有经济价值。主要金属硫化物有黄铁矿、黄铜矿、闪锌矿和方铅矿，它们富含铁、锰、锌、铜、镍、钴、铬、银、金、钼、钒等金属元素，金属储量至少有 94×10^6 t。

海底块状硫化物矿床生成于大洋中脊轴部的裂谷带，与扩张中心的热液活动密切相关。块状硫化物矿体一般呈小丘、烟囱和锥形体状成群出现，与活动热液喷口或古热液喷口相伴生。其形成的机理是：海水沿裂谷带张性断裂或裂隙向下渗透，被新生洋壳加热，形成高温（可达 350～400℃）海水。高温海水从玄武岩中淋滤出大量多种金属元素，当它们重返海底时与冷海水相遇，导致黄铁矿、黄铜矿、纤锌矿、闪锌矿等硫化物及钙、镁硫酸盐的快速沉淀。高温热液自喷口涌出，矿物快速结晶，堆积成烟囱状。"黑烟囱"不断逸出含黄铁矿、闪锌矿等硫化物的颗粒。"白烟囱"喷出的固体微粒主要是蛋白石、重晶石等浅色矿物，含有少量铁、锌等硫化矿物。若烟囱被硫化物充填则称"死烟囱"，烟囱倒塌成为

"雪花宝"(图5-12)。块状硫化物矿床主要含有铁、锰、铜、铅、锌、金、银和稀土元素等，已发现多个质量超过 1×10^6 t 的矿点。热液活动区往往发育有大量不靠太阳能而依赖热液营生的自养型深海底生物群落。

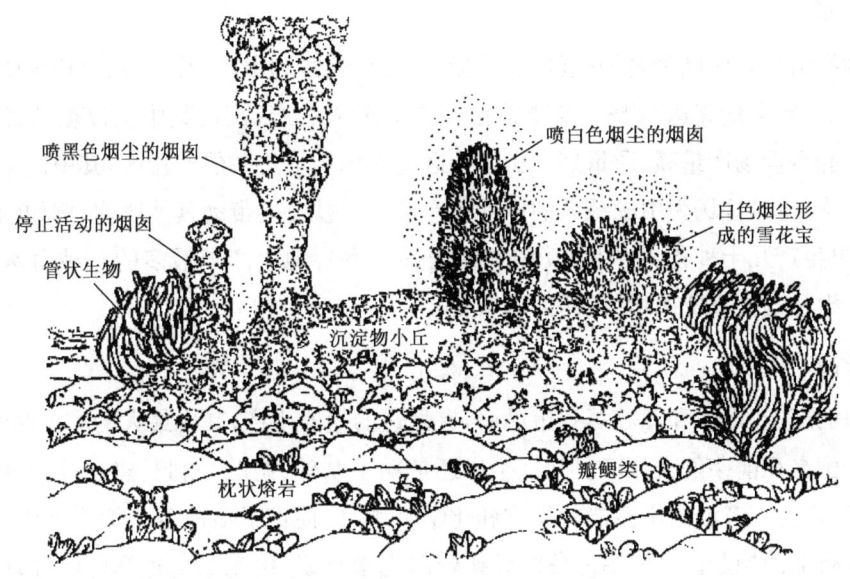

图5-12　海底热液活动区的"烟筒状"矿体和深海生物群落

海底热液硫化物矿体除了东太平洋海隆和红海比较典型外，在大西洋和印度洋的某些中脊段以及西太平洋边缘海盆（如四国海盆、劳海盆、北斐济海盆、马里亚纳海槽和冲绳海槽等）均存在。

六、天然气水合物

天然气水合物是近20年发现的一种新型海底矿产资源。它是由碳氢气体和水分子结合而成的冰晶状固体化合物。因95%以上的天然气水合物由96.5%的甲烷和3.5%的水在低温高压条件下被冻结成固相，所以又称固态甲烷或甲烷水合物。冻结作用使天然气水合物的体积大大缩小，如果充分分解，$1m^3$ 的天然气水合物可释放出 $150m^3$ 的甲烷气。

天然气水合物一般在温度小于4℃（指深海沉积层的温度）、有机质较丰富、压力较大的沉积物中形成。在温度小于10℃、压力大于10MPa的条件下，天然气水合物得以保持其固态，海底以下数百米至1000m的沉积层内的温度、压力条件能使它处于稳定的固体状态。

具有形成天然气水合物的海域大致为 $4 \times 10^7 km^2$，约占世界海洋总面积的10%。至1996年，在世界海域已发现有57处产地，估计储量为 $10^{14} \sim 10^{15} m^3$，是世界天然气探明储量的10多倍，有人预计，天然气水合物将是21世纪人类的新型能源。

七、中国海底矿物资源

1. 渤海

环渤海沿岸有中国著名的盐区:东北盐区、长芦盐区和山东盐区。东北盐区所产海盐品质好,氯化钠含量高达95％。长芦盐区是中国最大的产盐区,其中又以塘沽、汉沽、大清河及黄骅等盐场产量高、质量好。山东盐区是中国历史悠久的产盐区,其中以莱州湾盐场条件最优,羊口盐场为中国最大的原盐生产基地。盐业还带动其他产业,例如晒盐后的苦卤,可再生产几十种化工产品,其中钾镁肥是沿海各地生产得最多的一种海水制肥品种。沿海大量的卤水资源,开发潜力也很大。

2. 黄海

黄海的辽宁、山东和江苏等省市沿岸,有发达的盐业生产,其中最大的应推两淮盐区,这也是中国名列前茅的大盐区。盐区生产还带动了制碱、制酸、制肥、建材等一系列海洋化学、化工产业。黄海沿岸富饶的生物和化学资源,已促进了沿海省市海洋药物、海洋保健食品等行业的崛起。黄海沿岸滨海砂矿资源也很丰富,山东半岛近岸区已发现丰富的金刚石、锆石、钛铁矿、独居石、金红石、磷钇矿等。南黄海海盆的地质构造,对油气生成和储集十分有利,具有很好的油气资源远景。

3. 东海

东海化学资源丰富,平均盐度比渤海、黄海都高,唯因降雨多,因此盐业不如黄海、渤海出名,但浙、闽、台各省沿岸,也有相当规模的盐业生产,而众多的海洋化学、化工产业则相当发达,如海水淡化,制纯碱、烧碱、酸类与芒硝,提镁、钠、钾、溴,生产钾镁肥、钠镁肥、钙镁肥、海藻胶等。

台湾是中国重要的砂矿产地,拥有磁铁矿、钛铁矿,盛产金红石、锆石和独居石等。福建沿海的稀有金属和稀土金属砂矿也不少,平潭的石英砂含硅率高达98％以上。东海含油气远景区估计可达$25 \times 10^4 km^2$,也有人认为东海是世界上石油远景最好的地区之一,天然气储量潜力更大,前景甚佳。

4. 南海

广东和海南两省的盐业生产,虽不如渤海和黄海沿岸出名,但也有相当规模,而相应的海洋化学与化工、海洋药物与保健食品等产业却令人刮目。广东沿岸,特别是海南岛周围,滨海砂矿资源十分丰富,金红石、独居石、锆石、钛铁等多种矿物,储量可观,有的业已形成规模开采。南海北部和西部大陆架及南沙附近海域,有丰富的石油和天然气资源,初步钻探,就已见工业油流,大规模开发的远景则更为喜人。

第三节 海洋油气资源

海洋油气资源是海底矿藏资源的重要组成部分。这里重点介绍一下海洋油气资源的开发。能源是制约人类可持续发展的瓶颈之一,发展蓝色经济,开发利用海洋油气资源,将是人类能源发展的一次战略大转移。目前全球已有 100 多个国家在进行海上石油勘探,其中进行深海勘探的有 50 多个国家。海洋油气业的特点是高投入、高风险、高技术、高回报,这对石油企业的技术和管理都提出了巨大的挑战。据《油气杂志》报道,能源贸易分析公司道格拉斯·威斯特伍德在《2008—2012 年海洋市场报告》中提出,在可预见的将来,全球海洋油气市场将保持强势。过去 5 年中,海洋油气市场扩大了 90%,在 2008—2012 年间,交易总额达 2180 亿美元,海洋油气产业已经引起了世界各国前所未有的高度重视。

一、全球海洋油气资源及分布

世界海洋蕴藏着极其丰富的油气资源,其石油资源量约占全球石油资源总量的 34%,累计探明储量约 400×10^8 t,探明率 30% 左右,尚处于勘探早期阶段。据美国地质调查局(USGS)评估,世界(不含美国)海洋待发现石油资源量(含凝析油)548×10^8 t,待发现天然气资源量 78.5×10^{12} m³,分别占世界待发现资源量的 47% 和 46%。因此,全球海洋油气资源潜力巨大,勘探前景良好,为今后世界油气勘探开发的重要领域。随着全球油气需求的快速增长和陆上油气资源日渐减少,海洋油气资源无论对世界石油工业,还是对未来世界经济的发展,都具有非常重要的意义。

研究和实践表明,海洋油气资源主要分布在大陆架,约占全球海洋油气资源的 60%,但大陆坡的深水、超深水域的油气资源潜力可观,约占 30%。从区域看,世界海洋油气与陆上油气资源一样,分布极不均衡。在四大洋及数十处近海海域中,石油、天然气含量最丰富的数波斯湾海域,约占总储量的一半左右;第二位是委内瑞拉的马拉开波湖海域;第三位是北海海域;第四位是墨西哥湾海域;其他还有亚太、西非等海域。两极大陆架也蕴藏丰富的油气资源。据估计,俄罗斯海洋油气资源的 80% 以上聚集在其北极海区域,约 $(1000 \sim 1200) \times 10^8$ t 油当量。目前,在世界海洋中已经找到了 581 处油田。其中,欧洲和地中海 25 个,北海 110 个,意大利、北亚得里海 20 个,黑海和里海 17 个,南美洲 43 个,非洲近海 27 个,西非近海 85 个,波斯湾 60 个,印度次大陆沿海岸海域 2 个,远东近海 23 个,印度和马来西亚近海 15 个,澳大利亚东部和新西兰近海 3 个,澳大利亚西北大陆 12 个,南部吉普斯兰德海盆 19 个,北海近海 44 个,美国墨西哥湾 16 个。亚太地区海洋油气资源将成为全球海洋油气工业发展的引擎。亚太地区将成为继北海和墨西哥湾后,全球海上油气工业的第三大战略区。在2002—2008年间,亚太地区海上油气投资增长最快的国家是中国、俄罗斯、印度尼西亚、印度、澳大利亚和马来西亚。据有关方面分析,中国南海油气资源潜力巨大,也属于世界海洋油气主要聚集中心之一。

二、全球海洋油气资源勘探开发状况

海洋油气资源普查、勘探工作的广度和深度和陆地相比还很不够,除了近海有利海区开发得较快一些,大部分大陆架海域尚属空白或者仅仅作了粗略的调查,还远谈不上商业性开发。海底油气开发才刚刚起步,海洋石油、天然气开发前景光明,形势诱人。

1. 海洋油气开发的发展历程

向海洋要油气,是应追踪陆地油田在海底延伸的过程中兴起的。海洋油气的勘探开发是陆地石油开发的延续,经历了一个由浅水到深海、由简易到复杂的发展过程。1887年,在美国加利福尼亚海岸数米深的海域钻探了世界上第一口海上探井,拉开了海洋石油工业序幕。1890年,人们开始海洋油气勘探,那时,人们根据陆地油气田向海洋延伸的趋势,在美国加利福尼亚海岸边修建了栈桥,开展了海边浅水域的石油钻井。1920年美国在委内瑞拉的马拉开波湖进行了石油普查钻井。随之,苏联也根据泥火山理论,在里海开始了从巴库到阿普塞隆近海油气田的勘探开发。当时是以木制的固定栈桥与陆岸相连接的。只能在近岸的海边和内湖开发石油资源,作业水深低于10m。

20世纪50年代,随着世界经济复苏,海洋油气勘探开发迅速发展,出现了移动式钻井装置、浮式生产系统及海底生产系统,作业海域范围不断扩大,水深不断加大。到了60年代末期,欧洲许多国家在北海海域陆续开始油气勘探,作业水深已超过200m,勘探开发领域开始向大陆架深水区延伸,并使这个地区成为世界上油气勘探开发最活跃的地区。70年代初,随着平台和钻井技术的发展,海洋油气勘探开发水域范围进一步扩大,作业水深超过500m,目前世界浮式生产平台的最大水深达到1920m。目前,海洋石油作业水深将达到3000m以上。全世界有75个国家在近海寻找石油,其中有45个国家进行海上钻探,30个国家在海上采油。到了80年代,全世界从事海上石油勘探开发的国家或地区超过100个。90年代,成功解决了温带海域油气开采面临的钻井、采油、集输和存储等技术问题,而且高寒水域的平台和管线技术难题也取得重大突破,海洋油气勘探开发取得巨大进步,作业水深不断刷新,1999年已近2000m,作业范围已从北海、墨西哥湾等传统地区扩展到西非、南美及澳大利亚大陆架等海域。

据统计,自20世纪90年代以来,世界海上石油勘探与开发工作量在世界总量中所占的比重越来越大,其中地震和探井工作量尤为突出。1992—1996年,世界海上二维地震5026.8×10^4km²,三维地震达25.6×10^4km²,分别占同期世界地震作业总量的70.2%和66.5%,而探井数量每年700~800口,海上钻井平台数量从20世纪五六十年代的不足100台,增加到2002年的656台。近年来,国际原油价格不断上涨,油气开采科技水平快速提高,成本大大降低,海洋油气勘探开发投资持续增加,作业海域不断扩展,作业量增加。目前,已有80多个国家和地区从事海洋石油天然气的勘探和开发,作业海域面积已高达 $1300×10^4 km^2$,约占全球大陆架面积的一半。世界各国在海上寻找石油、天然气的活动正在向纵深发展,在海洋找油、找气的调查和勘探工作不断扩大,毗邻沿海国家的大陆架上井架、平台林立,一派红红火火的景象。海底油气资源的勘探、开发,已成为沿海国家重要的经济活动内容。

2. 海洋油气开发对沿海国家的经济影响

海洋油气的开发为一些沿海国家带来了经济的繁荣。众所周知,海湾地区在历史上曾是一个比较贫穷落后的地区。自从20世纪60年代以来,海湾地区发现并开采出了海上石油之后,石油工业带动了该地区的经济发展,使海湾国家实力大增。

在世界8个大储油国中,海湾的沙特阿拉伯、伊拉克、科威特、阿联酋、伊朗就占了5席,石油成了这些国家的主要外汇收入来源,石油收入占这些国家财政收入的85%以上。例如,科威特在海外投资累计资产达850亿美元。再如,挪威在第二次世界大战前是欧洲的一个穷国,而现在已跨入世界富国的行列,人均国民生产总值14000美元。该国发生巨变的关键原因在于开发海洋石油。挪威原是一个无石油国,20世纪60年代中期在北海海域发现石油和天然气后,从1971年开始生产,到1975年已成为西欧第一个石油出口国。1977年挪威在北海开采石油的收入只占国民生产总值的0.2%,占该国出口总额的0.5%,而1984年已生产石油超过 $5900×10^4 t$,产值97.4亿美元,占挪威国民生产总值的20%,比1977年提高了100倍。海洋石油工业的迅速发展,还为该国其他工业的发展带来了活力,一度不景气的机械、造船工业,纷纷转向生产石油平台、船舶和其他石油工业设备。海洋石油工业的发展,还增加了本国人员的就业机会。英国虽然是一个老牌的资本主义强国,但在20世纪60年代中期前,英国还没有海洋石油工业,所需石油基本依赖进口,消耗了大量的资金。1968年英国仅进口石油的费用就达125亿英镑,给国家带来了沉重的财政压力。1970年以后,英国陆续在北海的南部、中部找到了西索尔气田、福特斯大油田等。1975年投入开发生产,1978—1980年进入生产高峰期,日产原油 $6.8×10^4 t$,至1982年累计生产 $1.37×10^8 t$。80年代以来,英国每年从北海开采原油 $1.2×10^8 t$ 左右,从根本上改变了英国进口石油的局面。英国政府仅北海海洋石油收入就达100亿英镑。由此可见,北海油气开发对英国经济社会生活影响之重大。

3. 海洋油气业发展前景

全球的海洋石油资源是非常丰富的,总量约 $1350×10^8 t$,天然气资源约 $130×10^{12} m^3$,占到世界总量的1/3。储量据《油气杂志》统计截至2000年底为 $1824×10^8 t$,天然气 $175×10^{12} m^3$,海洋石油和天然气储量分别为 $400×10^8 m^3$ 和 $40×10^{12} m^3$,超过了地球总储量20%。从分布来看,海洋油气60%主要分布在大陆架上,而深水和超深水占40%,因为勘探程度非常低,是目前也是未来重要的勘探开发领域,主要集中在美国墨西哥湾北部、巴西海域以及西非地区等。从深水油气资源潜力来看,据世界深水油气报告资料显示,未来40%以上的油气储量应该在深水,而目前仅占3%,所以资源潜力是非常巨大的。但是深水的油气勘探开发面临的技术难度非常大,各方面要求比较高,深水低温高压环境对作业造成很大的威胁和困难。从当前来看,深海油气勘探最直接的风险是施工风险,另外从全世界来看,能在深水作业的平台和钻井船比较少,处于一种供不应求的状态,现在虽然各国勘探开发深水油气资源的热情很高,但是设备供应不上,也抑制了勘探的进度。同时,由于海洋勘探开发也会造成严重的环境污染,比如,1969年加利福尼亚州泄漏事件和1989年油轮泄漏事件促成了美国政府颁布近海采油行政的禁令和国会的法律禁令,这就直接抑制了美国近海石油勘探开发。但是,鉴于目前人类对能源供需矛盾的日益加大,海上石油勘探开发仍然向大陆架和深水区发展,海上油气生产不断扩大,产量不断增加。20世纪40年代末,海上石油产量仅4000×10^4 t,占世界石油总产量的7.6%。50年代末,海上石油产量突破亿吨,达1.1×10^8 t,占世界石油总产量的10%。60年代末,达3.29×10^8 t,占世界总产量的14.6%,20年增加了8倍。1980年达6.5×10^8 t,占总产量的21.8%,1990年达8.7×10^8 t,占总产量的26.0%。近年来,在高油价的驱动下,世界海洋油气开采飞速发展,石油产量快速增长,在全球石油产量中所占比例不断上升。1995年海上石油产量10.5×10^8 t,2004年则增至13.4×10^8 t,约占世界石油产量的34%,年均增长2.7%,远高于全球石油产量年均1.5%的增长率(图5-13)。其中,北海海域石油产量及其增长速率一直居各海域之首,2000年产量达到峰值,即3.2×10^8 t,随后逐渐下降。波斯湾石油产量缓慢增长,年产量保持在$(2.1 \sim 2.3) \times 10^8$ t,而墨西哥湾、巴西、西非等海域石油产量增长较快,年均增长超过5.0%,其中墨西哥湾可能在未来数年超过北海成为世界最大的产油海域。受市场不发育和开采难度大等因素制约,海上天然气开采发展缓慢。20世纪80年代前,海上天然气开发利用主要集中在欧洲和墨西哥湾浅海区,主要是由于相邻陆上能源市场和基础设施建设较完善。近20年,能源需求增加,能源价格不断攀升,而且LNG技术和海上管输技术逐步成熟,使海上天然气长距离运输成为现实,海上天然气开采迅速发展。1985年,海上天然气产量$3524 \times 10^8 m^3$,约占世界天然气产量的20%,2004年则增至$7500 \times 10^8 m^3$,占世界总产量的28%,年均增长3.8%,超过同期世界天然气产量年均2.1%的增长速度。其中,北海和墨西哥湾仍主导着全球海上天然气开采,年产量占世界海上天然气产量的55%,但增速相对缓慢,仅1.9%,而中东、亚太海域天然气产量增长迅速,年均增长14.5%和7.2%,2004年分别达到$800 \times 10^8 m^3$和$1500 \times 10^8 m^3$,其中卡塔尔、印度尼西亚和澳大利亚正逐渐成为世界海上天然气生产和出口大国。

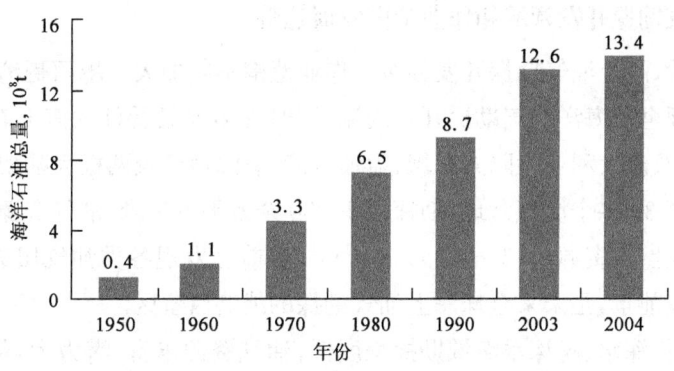

图 5-13 半个世纪以来世界海洋石油总量

三、全球海洋油气业发展趋势

随着世界经济的发展,能源需求不断增加,在市场需求压力和高油价的驱使下,未来全球海洋油气勘探开发将继续较快增长,投资不断增加,海上油气产量继续增长,勘探开采作业海域范围和水深不断扩大。

1. 投资产能趋势

预计在未来10年,全球海洋油气勘探开发及经营的年均总投资将从目前的1110亿美元逐步增加至1440亿美元,累计投资可达1.4万亿美元,其中深水投资年均将超过150亿美元。西非、巴西及墨西哥湾、亚太地区投资增长较快。2008年,亚太地区海洋油气总投资299亿美元,比2002年的181.4亿美元增加65%,约占全球海上油气总投资的20%。未来5至10年,亚太地区海上油气投资增长较快的国家包括俄罗斯、中国、印度尼西亚、印度、澳大利亚及马来西亚等。

随着投资的增加,海上油气储量和产量将保持较快增长。其中,深水油气储量增长尤为显著。2010年,全球深水油气储量可达到 40×10^8 t 左右,其中墨西哥湾约 10×10^8 t,西非海域 22×10^8 t,巴西海域 8×10^8 t。在高油价下,储量的增长将导致产量增加。预计全球海上油气产量将从2004年的 19.42×10^8 t 油当量增长至2015年的 27.4×10^8 t 油当量。其中,海洋石油产量在全球石油产量中所占的比例将从2004年的34%提高到2015年的39%,达到 16.43×10^8 t;而海洋天然气产量在全球天然气产量中所占的比例将从2004年的28%提高到2015年的34%,达到 13000×10^8 m^3。从地区分布看,北美海上石油产量将继续保持小幅增长,而北海石油产量则继续下降。其中,墨西哥湾深水区石油产量年均增长8%~10%,2010年有望达 1.15×10^8 t,大量新增的油气储量将使安哥拉、巴西海上石油产量显著增加,年均增长分别为15%和11%,2010年,安哥拉石油产量可增至 1×10^8 t,巴西石油产量将达到 1.3×10^8 t。预计到2015年,非洲、中东和拉美地区海上石油产量占全球海洋石油产量的50%以上,北美、西欧、亚太及中东的海上天然气产量将占全球海上天然气产量的70%以上。

2. 海上油气勘探开发领域和作业范围发展趋势

从横向上看,海上油气勘探开发领域和作业范围不断加大。墨西哥湾、西非及巴西等海域将继续引领全球海洋油气勘探开发潮流,同时许多前景看好的海上新区将陆续投入勘探,如东南亚及澳大利亚大陆架海域、孟加拉湾、里海地区及两极大陆架地区。其中,北极地区海域发育30多个沉积盆地,勘探面积330余万平方千米,油气资源丰富。据估计,北极地区蕴藏天然气资源量$(23\sim33)\times10^{12}\mathrm{m}^3$,目前已发现各类油气田近10个,显示了良好的勘探开发前景,是未来全球海上油气勘探的战略后备区。

从纵向上看,深水、超深水海域勘探程度低,油气资源丰富、潜力大,将继续成为全球油气勘探热点。长期以来,水深超过200m的大陆架海域称为深水区。随着海洋钻探和开发工程技术的不断进步,深水的概念和范围不断扩大。20世纪90年代末,水深超过300m的海域为深水区。目前,以大于500m为深水,大于1500m则为超深水。研究和勘探实践表明,深水区油气资源潜力大,勘探前景良好。据估计,世界海上44%的油气资源位于300m以下的水域,其中墨西哥湾深水油气资源量高达$(400\sim500)\times10^8$bbl油当量,约占墨西哥湾大陆架油气资源量的40%以上,而巴西东部海域深水油气比例高达90%。20世纪90年代以来,由于勘探成功率高,发现油气田储量规模大,产量高,效益显著,深水油气备受跨国石油公司青睐,发展迅速。因此,多数海域的油气开采逐步向深水区转移,全球掀起了深水油气勘探开发的高潮,投资不断增加,作业水深不断加大。据估计,近年来,深水油气勘探开发投资年均增长30.4%,2004年增加到220亿美元。1999年作业水深已达2000m,2002年达3000m。深水油气发现成绩显著,储量和产量快速增加。90年代以来,全球获近百个深水油气发现,其中亿吨级储量规模的深水油气超过30%。2000年,深水油气储量占海洋油气储量的12.3%,比10年前增长约8%。2004年,全球海洋油气勘探获20个重大深水发现(储量大于1×10^8bbl)。1998—2002年有68个深水项目,约15×10^8t油当量投产,2003—2005年则增至144个深水项目,约42.6×10^8t油当量投产,2004年深水石油产量2×10^8t,约占世界石油产量的5%。

从区域分布来看,墨西哥湾、巴西和西非及北海等海域集中了全球约70%的深水勘探开发活动,成为深水油气勘探开发的热点地区,主导了全球深水油气开采的潮流。其中,在墨西哥湾,外大陆架深水勘探开发迅速发展。截至2000年,先后在墨西哥湾深水区发现了112个油气田,近30个已投入生产,当年生产原油3.7×10^8t,获油气储量5.6×10^8t油当量,2002年以来获得50个深水发现,其中2004年新发现两个油田,储量均超过1×10^8bbl。1985年,美国墨西哥湾外大陆架深水油气产量分别占整个墨西哥湾海域油气产量的6.0%和0.8%,到2004年则分别上升为65.1%和35.2%,达到4750×10^4t和$56\times10^8\mathrm{m}^3$。西非深水发现主要集中于几内亚湾,即安哥拉和尼日利亚海域,跨国石油公司累计发现25个油气田,累计探明石油储量超过10×10^8t。20世纪90年代中后期,全球八大深水油气发现中,西非深水海域就占了五席。2004年,全球20个储量超过亿桶的深水油气发现中,7个分布在西非海域。在巴西东部海域深水区,相继发现马林、若克多尔等巨型油气田,该国64%的原油产量来自深水油气田。依靠深水油气田的开发,巴西石油自给率从1980年的16%增加到2004年的91%。未来数年,随着巴西深水石油产量的不断增加,巴西石油消费可实现自给。

另外,在亚太、地中海等地区深水油气勘探发展也较迅速,陆续发现了一批大型油气田。比如,在埃及地中海深水区成功钻探了一口探井,日产天然气约$124.5\times10^4 m^3$,在孟加拉湾深水区获得重要发现,钻探日产原油约500t、天然气$4.0\times10^4 m^3$的探井。在新西兰、澳大利亚大陆架深水区也获得一些发现。文莱、马来西亚、菲律宾等在南海深水区开展了大量勘探工作,也发现一批深水油气田,建成了5000余万吨的深水石油产能。

从未来发展趋势看,海洋油气发展趋势主要有以下几点。

(1)海洋油气业必将成为世界沿海各国的发展重点,海洋油气勘探开发加速向深水发展。从海洋石油产量来看,2006年深海石油产量比1991年增加了1/3,天然气将来可能增加1倍,这是产量的比例变化,到2015年深海石油生产将占到40%左右,天然气将占到35%左右。非洲、北美和南美将是未来深水投资的热点地区。预计深水的油气产量会不断增长,2011年将比2007年增长80%。10年中,从全球来看,几乎一半的新增能源储量来自于深海,这种局面有可能持续20~30年。

(2)向两极发展。据估计,在北冰洋海底蕴藏的石油和天然气储量有可能占到世界的25%,目前对两极油气资源的争夺也是愈发激烈,加拿大、俄罗斯、美国、丹麦、瑞典等都向北极派了科考队以及进行军事演习,特别是俄罗斯将一面国旗插到了北冰洋的海底。

(3)合作发展。由于勘探开发技术要求高,所以各国需要在共同的技术上进行合作,而且许多国家在海洋领土上存在争议,如何有效搁置争议,合理开发油气资源成为重要的课题。由于水深增加,流体变复杂,越来越恶劣的海洋作业环境也对作业和设备上提出了更高的要求。从战略思考而言,首先应该在海洋油气勘探上采取更加灵活的开发模式。近年来,中国、菲律宾和越南在南海已经开展一系列的合作,而且中国和日本关于东海油气勘探开发也达成了协议,中国和世界各国需要开展更广泛的交流、更广泛的合作来共同促进油气的勘探开发。从安全与环保问题来讲,有必要建立国际海洋油气勘探开发的协调机制,确保持续生产,还应该建立环境保护公约来切实保护环境。另外一个问题是两极资源,虽然其资源很丰富,但是要有开发价值的话,必须依赖于全球变暖的加快,这对人类又是一场灾难,所以应该保护全人类共同的资产。

天然气水合物可能成为人类新的后续能源,将逐渐成为海洋油气勘探开发的新亮点。

四、中国海洋油气业发展概况

随着中国经济的快速发展,国家对能源的需求日益增加,面对陆地能源的逐渐枯竭,中国企业的开发目光不得不投向海洋,随着山东半岛蓝色经济发展战略的实施,中国海洋油气的开采、探测及其相应的装备制造业的发展必然迎来美好的春天。

1. 中国经济发展与能源供给现状

2005年中国进口原油 $1.3617×10^8 t$,石油用汇超过600亿美元,石油贸易逆差首次突破500亿美元,中国石油对外依存度为42.9%。2012年中国共计进口原油 $2.7102×10^8 t$,同比增加6.79%。据预测,中国石油消耗量到2050年将超过 $8×10^8 t$,而国内产量由于资源和生产能力的限制,将稳定在年产 $2×10^8 t$ 左右,进口依赖程度将达75%。多年来,中国重化工业的高速发展导致了目前中国的二氧化硫、化学需氧量、汞、消耗臭氧层排放量居世界第一位,二氧化碳排放量居世界第二位,仅二氧化硫排放量2005年就达到 $2549×10^4 t$,超出大气环境容量的80%以上,国家监测的744个地表水断面中劣五类标准的水质占到近1/3,酸雨面积约占国土面积的1/3。2005年山东省二氧化硫排放量即为 $200.3×10^4 t$,位居中国第一,山东省在此后五年的环保投资预算已高达3600亿人民币。国家环保总局负责人多次表示:造成这一局面的主要祸首就是中国以燃煤为主的能源和世界上最大的燃烧火力发电设施,为此必须改变中国以煤为主的能源体系,通过油煤并重,以油气为主的多元能源发展方式建立中华民族新的生存空间。

我国虽然是世界第四大产油国,但按已探明的石油储量估计,我国石油储量仅能再开采30年。从有关数据可以看出,我国石油资源的平均探明率为38.9%,海洋仅为12.3%,远远低于世界平均73%的探明率和美国75%的探明率;我国天然气的平均探明率为23.0%,海洋为10.9%,而世界平均探明率在60.5%。上述数据表明,陆地的油气资源已经不足以支撑这种新型的能源体系,我国海洋油气整体上处于勘探的初中期阶段。要保证我国经济的可持续发展、国家经济战略安全、国家经济发展环境这三大需求,在世界上最重要的海洋石油油藏区——中国海域开采石油就成为迫在眉睫的使命了,以海洋石油再造中国,更多地从海洋开发油气,已成为中国能源发展的新战略之一。

十八大报告明确提出,要提高海洋资源开发能力,大力发展海洋经济,加大海洋生态保护力度,坚决维护国家海洋权益,建设海洋强国,将海洋在党和国家工作大局中的地位提高到前所未有的高度,这是党中央高瞻远瞩、深谋远虑做出的英明决策。

2. 中国海洋油气资源概况

我国海域的油气资源是相当丰富的。它主要包括两大部分,一部分是近海大陆架上的油气资源;另一部分是深海区的油气资源。在我国海域已发现了18个中新生代沉积盆地,总面积约 $130×10^4 km^2$,其中近海大陆架上已发现含油气沉积盆地9处,开采海区含油气沉积盆地9处。我国海域石油资源量$500×10^8$t,天然气资源量为$22.3×10^{12}m^3$。自20世纪60年代开始,我国开始进行海洋油气资源的自营勘探开发,80年代开始吸引外国资金和技术,进行合作勘探开发。我国的海洋石油天然气开发实行油气并重,向气倾斜,自营勘探开发与对外合作相结合,上下游一体化的政策,取得了重大进展。到1997年,我国已与18个国家和地区的67个石油公司签订了131项合同协议,引进资金近60亿美元,发现含油气构造超过100个,找到石油地质储量$17×10^8$t,天然气$3500×10^8m^3$,已有20个油气田投入开发,形成了海洋石油天然气产业。1997年,我国海洋石油产量超过$1629×10^4$t,天然气产量为$40×10^8m^3$。

在我国渤海、南黄海、东海、珠江口、莺歌海和北部湾海区存在着六大含油气盆地,这是我国海洋石油工业发展的前沿阵地。其中,渤海含油气盆地面积约$7.3×10^4km^2$,是辽河油田、大港油田和胜利油田向渤海的延伸,也是华北盆地新生代沉积中心,沉积厚度达10000m以上。海域内有14个构造带和230多个局部构造,是我国油气资源比较丰富的海域之一。目前,在辽东湾发现了石油地质储量达$2×10^8$t的绥中36-1油田、锦州20-2凝析油气田和锦州9-3等油气田;在渤海中部发现了渤中28-1油田和渤中34-2/4油田。据勘探,渤海的石油资源量约为$46×10^8$t,地质储量在$(4\sim10)×10^8$t之间。

南黄海含油气盆地面积约为$10×10^4km^2$,是中、新生代沉积盆地,以新生代沉积为主。它是陆地苏北含油盆地向黄海的延伸,共同构成苏北—南黄海含油盆地。盆地分南、北两个坳陷。北部坳陷面积$3.9×10^4km^2$,中、新生代沉积厚度超过4000m,这里有8个坳陷、5个凸起、9个构造带,具有较好的储油条件。南部坳陷面积$2.1×10^4km^2$,坳陷内部的中、新生代厚度一般都超过5000m。初步调查勘探,这个盆地石油地质储量在$(2\sim3)×10^8$t之间。

东海含油气盆地面积约为$46×10^4km^2$,是白垩纪—古近纪形成的大型含油气盆地。其中,东海大陆架盆地面积最大,约$28.4×10^4km^2$。盆地中新生代沉积发育坳陷面积达$15×10^4km^2$。凹陷内沉积厚度达15000m,中新统厚6000m,并可能存在新近系和古近系两套生油岩系。现已发现和固定的局部构造封闭100多个,并在西湖凹陷中发现了3个含油气构造。东海盆地是我国近海已发现的沉积盆地中面积最大、远景最好的盆地,该区的油气储量为$(40\sim60)×10^8$t。珠江口含油盆地位于东经110°~118°,北纬19°~23°之间,面积约$14.7×10^4km^2$,是南海北部大陆架、大陆坡上最大的一个沉积盆地。该盆地以新生代沉积为主,沉积厚度在7500~11000m。目前,在盆地中已发现了16个油田和含油构造,石油地质储量约在$(40\sim45)×10^8$t。位于这个盆地的流花11-1油田距香港190km,石油地质储量约为$2×10^8$t,高峰年产量可达$240×10^4$t。该油田发现于1987年,1993年3月经我国政府批准,由中国海洋石油公司南海东部公司与美国阿莫科东方石油公司、科麦奇中国有限公司联合建设,并由三方联合管理和运作。1996年3月29日该油田建成并投入生产,第一批10口生产井,日产原油6500t。莺歌海含油气盆地位于北部湾南部,以及海南岛东南部海域的U字形盆地上。这个盆地包括东、西两个不同的构造盆地。西部的西莺歌海盆地为特提斯体系的拉张断陷盆地,东部的琼东南盆地则为环太平洋体系的一个弧后盆地。琼东南盆地面积约为 $4\times10^4\text{km}^2$,石油资源量约为 $40\times10^8\text{t}$,天然气资源量为 $6.4\times10^{12}\text{m}^3$。这里有世界级海上大气田——崖13-1大气田。它位于海南岛以南100km的90m水下海域,含气面积53.85km²,地质储量为 $1077\times10^8\text{m}^3$。经济可采储量 $850\times10^8\text{m}^3$,气田年产天然气 $34\times10^8\text{m}^3$,其中 $29\times10^8\text{m}^3$ 输送到香港龙鼓滩联合循环厂,$5\times10^8\text{m}^3$ 供给海南省三亚市南山电厂和海南天然气化工厂。1996年元旦,崖13-1气田已正式向香港送气,3月1日向海南省供气。崖13-1气田主要设施包括:一座海上生产平台,一座气体处理及生活平台,一条从气田通往香港的长780km、直径71cm的海底输气管线,一条从气田通往海南省的长90km、直径34cm的海底输气管线,一座位于香港新界烂角咀的降压计量站,以及一座位于海南省三亚市的南山气体处理厂。这个大气田也是目前中外合作开发的海上最大气田。西莺歌海盆地面积约为 $3.9\times10^4\text{km}^2$,是一个缝合带中的中间盆地。经过初步勘探,该盆地的石油资源量约 $27\times10^8\text{t}$,天然气资源量为 $2.3\times10^{12}\text{m}^3$。北部湾含油盆地是一个中、新生代沉积盆地,面积 $3.5\times10^4\text{km}^2$,其北面以广西海岸为界,南面以海南岛隆起为界,东面与雷琼地区新生代凹陷相连,西南与莺歌海盆地相连。盆地构造走向北东东向。至1992年,北部湾盆地共发现构造圈闭134个,非构造圈闭21个,盆地中已发现的油田有涠10-3、涠11-1、涠11-4、涠12-3、乌石16-1等,含油气构造7个。北部湾盆地石油资源量约为 $21\times10^8\text{t}$,天然气资源量 $5900\times10^8\text{m}^3$。此外,台湾浅滩油气盆地面积约 $(3\sim4)\times10^4\text{km}^2$,曾母盆地、文莱—沙巴盆地、安渡滩盆地、太平岛盆地、礼东滩盆地、巴拉望西北盆地、万安西盆地、中越盆地、冲绳盆地等,均是我国今后寻找海上油气田的远景区。

3. 中国海洋油气业发展现状

1)近年我国海洋业的发展概况

中国第一个海上油田——埕北油田位于渤海湾西南方,距塘沽港84km。油田开发面积11.5km²,高峰年产量可达 $50\times10^4\text{t}$。油田建有两组采油平台,每座平台包括1口直井、26口斜井;1条超过2km的海底输油管线连接两组平台,并将生产出来的原油输送到海上输油码头,直接外运。埕北油田由中国和日本两国合作开发。1980年两国合作开发之前,已由中国方面开发了3年,打了8口井。改革开放后,中国的海洋石油勘探开发工作,主要是通过对外合作发展起来的,是中国最早实行对外开放的产业之一。到1996年9月,中国海洋石油年产原油 $1000\times10^4\text{t}$,这是石油工业开始向海洋进军以来年产首次突破千万吨,标志着中国海洋石油工业跨上新台阶。到了2005年,海洋油气业继续保持快速发展。2005年,海洋原油产量突破 $3000\times10^4\text{t}$,比2004年增长11.5%;海洋天然气产量达 $627721\times10^4\text{m}^3$,比2004年增长2.3%;海洋油气业总产值739亿元,增加值467亿元,比2004年增长17.9%;广东省海洋油气业产值占全国海洋油气业产值的48.7%,继续高居全国第一。2006年,我国海洋石油天然气开采能力不断增强,海洋油气业继续快速发展。海洋油气业总产值1121亿元,增加值683亿元,比2005年增长29.2%。广东省和天津市海洋油气业产值之和占全国海洋油气业产值的83.5%。2007年,我国努力提高海洋油气开采能力,海洋油气业继续保持快速增长势头,全年实现增加值769亿元,比2006年增长17.3%。海洋油气勘探自主创新能力逐步增强,中石油在冀东南堡新发现 $10×10^8$ t 大油田,中海油在渤海湾、北部湾等海域新发现10个油气田,其中9个为自营油气田,海洋油气发展潜力进一步提高。广东省和天津市两省市海洋油气业增加值之和占全国海洋油气业增加值的85.3%。

2) 中国海洋油气业产能在国际海洋油气开采国中的地位

从2005年英国石油公司的统计来看,中国海上天然气生产列世界第10位,海上石油生产位居第6位。海上油气总产量位居世界第6位,排在加拿大、伊朗之后,与墨西哥、挪威在同一水平(图5-14)。

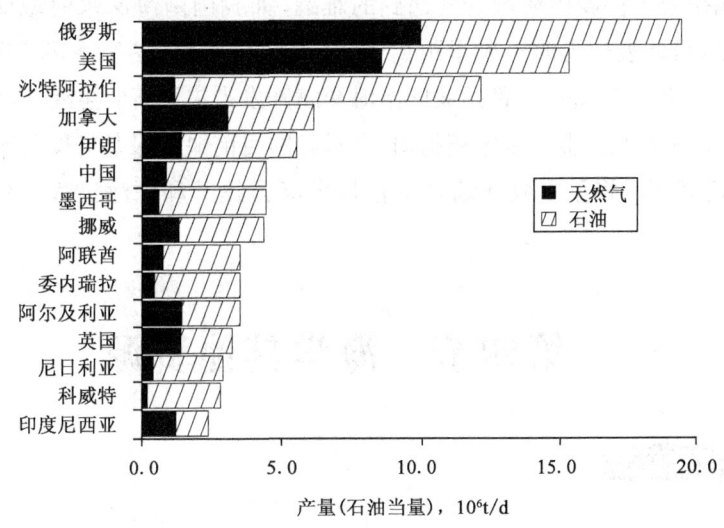

图5-14 2005年主要的海洋油气生产国

3) 我国海洋油气业开采装备和技术发展状况

我国海洋油气开采业与国际同行相比,近海油气田的开发建设水平已经居于世界前列,尤其是开发重质稠油油田,已经达到了国际领先水平。目前,国际海上油气田的勘探开发建设期一般是6~8年,而我国近海建设一个年产能 $(100～200)×10^4$ t 的油气田,从勘探发现到建成投产,最短的仅为3年。中海油迄今已有51个油气田投入生产,油气田开发建设能力迅速提升,过去是几年开发建设一个油田,现在是每年开发建成好几个油田。中海油开发建设近海油气田的成本、速度、质量和安全等方面的控制很出色,油气田开发建设的"中海油速度"一再被刷新。渤海海域的旅大10-1、旅大5-2、旅大4-2三个油田从2002年发现到2005年投产仅用了3年时间,达到了国际领先水平。2005年,被称为"世界上最稠的油田"的南堡 35-2 油田成功投产,更标志着中海油在稠油油田开发方面达到世界领先水平。经过 25 年的发展,我国海洋石油工业获得长足发展,建立了与国际石油业接轨的管理体制和机制,不但掌握了海上油气田勘探开发的十大配套技术,在消化吸收的基础上,积极创新,优化集成,使我国在开发建设近海油气田达到了国际领先水平。但是,我国在海洋油气开采装备技术的设计制造和深海开采技术仍处于非常落后的状况,我国在 20 世纪 60 年代开始进行海洋油气资源的自营勘探开发,80 年代开始吸引国外资金和先进技术进行合作探勘开发,几十年来,通过引进、消化、吸收和再创新,建立了与国际惯例接轨、专业配套齐全的管理和技术体系,国内海洋油气开发水深达到 330m,目前已经具备了 300m 水深以内的海洋油气田自主开发能力。但我国海洋油气开发水深与国外仍有 1600 多米的差距。其主要制约因素是缺乏深水钻机和有经验的工程师。因此,我海洋油气业的发展一方面要密切跟踪国外先进技术和研究动态,同时还要更加注重针对我国海域的特点。我国还必须立足于自主创新,有针对性地研究解决我国海域开发遇到的难题,如我国南海深水海域就有其独特的区域环境特点,具体表现为油田离岸距离远、夏季台风频繁、冬季季风不断,存在沙坡、沙脊和内波流等特征,这些因素都给我国南海深海开发带来了新的挑战,亟待有针对性地进行专项工程技术研究。业内专家还指出,针对我国目前缺乏深海工程设计、建造和安装能力的局面,近期还应将重点放在综合工程技术能力提升和深海工程装备的研究和开发方面。

第四节　海洋其他资源

一、化学资源

1. 渤海

渤海有丰富的风能和波能资源,据估算,总波能约 1.1×10^{13} W。渤海海峡潮流很强,是潜在的潮流发电能源基地。滨海砂矿资源丰富,海底有丰富的油气储量,是中国近海最早开发的海底油气田。

2. 黄海

黄海沿岸有富饶的风能资源,海区波能资源估计达 4.7×10^{13} W,潮能资源蕴藏量约 5.5×10^{10} W。辽宁、山东沿岸已建成了一批小型潮汐发电站,这不仅促进了生产发展,还积累了丰富的经验,可望将来有更大的发展。

3. 东海

东海的风能、波能、潮能等洁净能源蕴藏量更大,例如其波能估计达 13.3×10^{13} W,几乎为渤海、黄海总和的 2.3 倍。上海、浙江、福建和台湾沿岸潮能颇丰，已建成一批潮汐发电站，并发挥了作用，未来前景看好。另外，东海黑潮的流向稳定，流速强盛，具有可观的海流发电储量。

4. 南海

南海海域广阔，波能资源甚为丰富，据估算可达 38.3×10^{13} W，为渤海、黄海、东海三海区波能蕴藏总和的 2 倍。更可观的是，南海有利用温差发电的极好条件，因为其表层海水全年温度大都超过 26℃，而在 1000m 深处终年低至 5℃ 左右，稳定、持久而显著的温差，是温差发电的有利条件，如能全部开发，估计可发电 $(1\sim2) \times 10^{12}$ W。

二、潮汐能

1. 潮汐能源

潮汐运动中蕴藏着巨大的能量。潮汐能的大小与水体大小及潮差大小有关。实验表明，潮汐能量和海面的面积及潮差高度的平方成正比。目前，利用潮汐发电是开发利用潮汐的主要方向。潮汐发电是利用潮差推动水轮机转动，再由水轮机带动发电机发电。潮汐发电必须选择有利的海岸地形，修建潮汐水库，涨潮时蓄水，落潮时利用其势能发电。由于涨潮、落潮的不连续性，生成发电也不连续。据计算，世界海洋潮汐能蕴藏量约为 27×10^8 kW，若全部转换成电能，每年发电量大约为 1.2×10^8 kW·h。潮汐发电严格地讲应称为"潮汐能发电"，潮汐能发电仅是海洋能发电的一种，但是它却是海洋能利用中发展最早、规模最大、技术较成熟的一种。现代海洋能源开发主要就是指利用海洋能发电。利用海洋能发电的方式很多，其中包括波力发电、潮汐发电、潮流发电、海水温差发电和海水含盐浓度差发电等，而国内外已开发利用的海洋能发电方式主要是潮汐发电。由于潮汐发电的开发成本较高和技术上的原因，所以其发展不快。

2. 发电原理

潮汐发电与水力发电的原理相似，它是利用潮水涨、落产生的水位差所具有势能来发电的，也就是把海水涨、落潮的能量变为机械能，再把机械能转变为电能（发电）的过程。具体地说，潮汐发电就是在海湾或有潮汐的河口建一拦水堤坝，将海湾或河口与海洋隔开构成水库，再在坝内或坝房安装水轮发电机组，然后利用潮汐涨、落时海水位的升降，使海水通过轮机转动水轮发电机组发电。由于潮水的流动与河水的流动不同，它是不断变换方向的，因此就使得潮汐发电出现了不同的型式。例如：(1) 单库单向型，只能在落潮时发电；(2) 单库双向型，在涨、落潮时都能发电；(3) 双库双向型，可以连续发电，但经济上不合算，未见实际应用。

除了上述资源外，海洋资源还有风能资源、码头（港口）资源、海底旅游资源等。

第五节　海洋油气资源开发

由于海洋环境的特殊性,决定了海上油气田开发与陆上油气田开发有相当大的差异,对于专业技术的要求有很大的不同,这主要是由客观环境的截然不同所决定的。

一、自然条件恶劣

除了与陆地一样承受天气的影响外,还要承受海洋这一特殊环境的影响。海浪、海冰与台风的综合作用对油气田生产设施将产生巨大的破坏力,以至影响海上正常作业和油气井的正常生产。海上飓风被称为"海上气象恶魔",严重威胁着海上平台的安全。1979年11月25日"渤海2号"钻井平台在井位迁移时倾覆,1983年12月25日美国阿科公司租用的"爪哇海"号钻井船在南海受台风袭击翻船,两次事故均造成严重人员伤亡的惨痛结果。经过多年实践的经验积累,人们认识到海上飓风至今还无法抗拒,只能要求加强气象预报的准确性,做好防范工作。海上波浪对海上平台的影响也很大。1980年,狂风巨浪摧毁了墨西哥湾的4座钻井平台,1989年11月,美国的"海浪峰"钻井船被巨大海浪掀翻。据1989年的统计,全球的海洋钻井船已经有50多座被海浪吞没。直到现在,海浪同样不可抗拒,只能加强预测和防范。影响和危害海上平台的还有海冰,渤海就有平台被海冰推倒的教训。海冰不但造成同陆岸基地交通往来不便,还因为海冰的流动和堆积往往严重损害海上平台设施,威胁人们生命和财产的安全。

二、平台工作空间有限

钻井和采油的活动空间狭小,一切设备集中在一个或几个平台上,每个平台一般2~3层甲板,每层甲板最大不过30m×67.5m(平湖油气田)。在如此有限空间内开发面积数十平方千米的油气田,无论是开发方案还是工程设计都与陆上不同。如生产井高度集中,井口距离最大2.5m×2.5m,最小达到1.5m×1.8m,全部只能为定向井和水平井;开发过程中的调整井数受预留井槽限制;油井作业非常困难;工程设施小而全,除了与陆上油气田开发生产需要的设施外,还增加了生活、自救、直升机等,因此给方案设计和施工增加了难度。海上钻井绝不能走扩大空间的路子,只能大力精干队伍,加大装备的技术内涵,尽量缩减体积和质量,以适应海上空间狭小的客观环境。空间的变化,给钻采作业带来了人员结构、装备、技术的深刻变化。由于空间狭小,设备布置紧凑,作业风险大,有时会因一些很小的事故而带来严重的后果。

三、油气田建设装备工具复杂、科技含量高

由于海上作业要求降低作业周期和成本,提高油田的经济效益,因此,必须采用一些与陆地不同的高科技装备和工具,如使用钻机船(自升式或悬臂式)钻井、水下采油树、浮式生产设备游轮、特大型浮吊,采用铺管船敷设海底管线进行油气水输送、采用大型吊车进行海上安装等。由于海上油气田设备集中,地面和水下装备、工具、井下设施,必须考虑防风浪、防雷电、防火、防爆、防腐蚀、防冰、防撞击。

四、投资大、牵涉面广、管理难度大及未知领域多

海上油气田开发项目投资大,小的几亿元,大的可达几十亿元,如 SZ36-1 二期投资 50 多亿元,PL19-3 投入 200 多亿元,一口高温高压探井需要花费 6000 多万元。据统计,一般情况,海上建成 $100 \times 10^4 t$ 的生产能力平均需要 20 亿元以上,是陆上油田的几倍。

每个项目要涉及国家、地方多个部门,有的项目还要涉及部队的管理范围,需要协调的事情多。

海洋石油工程项目大多属于大型作业,计划性非常强,方案需要预见性,但常常受到多方面的影响,不确定性大;海洋气候的影响也很大,常常需要选择好的气候窗进行作业,工程管理难度大。因此,如果管理、协调不好,将会使项目各工序衔接出问题,造成巨大的经济损失。

五、采用低成本和技术创新的策略带来高风险

由于海洋石油投资巨大,用最低的成本区开发油气田,获得最大的经济效益,同时能够将效益低的油气田投入开发是每个海洋石油企业追求的目标。另外,随着环境更恶劣和深海的油气田发现,需要不断采用以往没有使用过的技术。各方面的需要促进石油企业进行技术创新,并不断降低成本。这样,将给海上油气田的开采带来更大的风险。

六、人员素质要求高

为了保证油气田开发达到经济、安全的目的,在前期研究阶段,地质油藏人员需要比较准确的地质油藏描述,并判断其风险程度;钻完井和工程设计人员要结合地质油藏的需要找出经济、可行、安全的工程方案。在建设阶段,工程人员要进行严格的项目管理,保证按时、保质完成任务。要做好这些,就需要各方面人员具有丰富的知识和经验。

生产阶段,由于平台空间有限,技术和操作人员的数量受到限制,因此,需要这些技术人员技术全面。为提高油气田采收率,很多油气田在生产的同时,还要进行钻井作业,要进行增产措施,这种作业大大增加平台操作的风险,因此,需要各路人员具有风险辨识和控制能力,以免出现重大事故。

七、油气田寿命周期短

海洋环境对钢材具有严重的腐蚀作用,海水中生存的大量生物和微生物,通过侵蚀或附着作用,会对钢结构平台的使用寿命产生影响。一般情况下,平台的安全寿命在20年左右,因此与陆地油气田不同的是要在平台寿命周期内尽可能多地将油气开采出来,必须在有限开采期内获得最高的采收率。

八、对交通运输的要求与陆地完全不同

海上钻井和平台生产远离陆地,即使是近海作业,其距离也在数十海里至数百海里之外。随着海上钻探从近海向深海发展,这个距离还将往远处延伸。人员出海作业,生活必需品、钻采装备、器材和物质的供应,以及出现紧急情况时的紧急救援,都有赖于海上交通运输。一支海上钻探队伍,需要配备一支能够满足其各方面需要的船队,包括具有输水、输油、输灰能力和载运钻井器材物质的三用工作船,保障海上安全作业的守护船、消防船,人员往返所需要的直升机和客轮。海上交通运输是海上钻井的命脉,没有完备的海上交通就不可能存在有效的海上钻井作业。

九、陆上基地的支持保障及海上应急救助的特殊需求

基地的支持保障,包括陆地管理、生产作业指挥机关及生产与生活保障措施。与陆地钻井最大的不同,是要有与海上油气勘探开发规模相适应的港口、码头和船队,以便停靠和拖带钻探设备、储存和运送钻井物资,以及海上作业人员提供往返的交通工具。还有海上钻采不但距离陆地远,而且危及钻井人员生命和钻井装备安全的因素很多,属于高风险作业,因而海上救助和管理也成了陆地支持不可缺少的重要组成部分。海上救助涉及的知识面多,从平时的防范、险情出现前的预报,到险情发生后的及时救援,都是一个不可分割的系统工程。同时还需要得到社会诸多部门的帮助,彼此协同工作,形成整体力量。海上应急救助应当"养兵千日,用兵一时",需要有健全的系统,完善的机构,并实行专门的管理。

十、海上平台安全管理和环境保护比陆上要求高

因为海上平台既是生产设施的基础又是人们生活的空间,也是从事一切海上活动的场所,一旦发生事故,没有逃生空间。所以对安全和环保必须有设备和制度的保证。

同时,海洋钻井还要特别关注对海洋环境的保护。石油对人类来说,是现代经济的"血液";对大海来说,却是污染海洋的"毒液",灭绝海洋生物的杀手。在海洋钻井中,要十分重视石油以及其他钻井液体有可能对海洋环境造成的威胁,以高度的责任感防范和避免钻探作业给海洋环境造成的污染。

十一、海洋开发投资多、风险大

海洋开发投资取决于水深和海洋环境。以海上石油开发为例,据国外资料报道,建设一座小型的海上油田需用5亿~10亿美元,中型的海上油田投资达25亿美元,大型海上油田投资高达50亿美元,一般比陆地上的石油开发投资高出3~5倍。同时,海上勘探成功率比较低,风险性也比陆地上大。例如,在开发北海油田的过程中,英国从1954—1969年间,搞了3轮招标,花巨额资金进行海上钻探,钻井178口,只发现5座中、小型油气田,钻井成功率仅为9%,使一些石油公司的经济效益受挫,失去开发海上石油的信心,不愿继续勘探。只有BP石油公司坚持继续勘探,终于发现可采储量达2.7×10^8 t的福蒂斯油田。既然在海上开采石油比在陆地上投资多、风险大,为什么还要开发海底石油呢?这是因为,每年石油的消耗量比其自然增长量大300万倍,这样一来,被看作是非再生资源的石油资源用一点少一点。国外探明的可采石油储量极限达3×10^{11} t,其中海洋石油1.35×10^{11} t,占世界石油可采储量的45%。迄今,全世界已开采石油6.4×10^{10} t,其绝大部分是在陆上开采的,并呈现出石油枯竭的趋势。陆地上许多油田已进入开发的盛期,甚至后期。一些新油田增加的产量还不能弥补老油田递减的产量。据联合国统计资料,到2000年全世界将用完现有石油资源的87%。因此,加强石油的普查勘探,特别是海上石油的勘探开发,确实是寻找新的更大的油田最重要的战略措施。据统计,20世纪70年代,世界上新发现的主要油田中,海上油田占77%。另一方面,海上石油的开发还给许多国家带来了经济繁荣。例如,挪威、英国、美国、沙特阿拉伯等国的海洋石油开发,极大地促进了这些国家经济的发展。因此,尽管海上油田开发比陆上投资多、风险大,但世界对能源的需求,以及油气开发的巨大经济和社会效益的吸引力,继续推动着各国对海洋石油的勘探与开发。

十二、海洋开发综合性强

由于海洋是一个立体空间,资源具有复合性特点,所以同一个海域往往可以同时进行海洋生物、矿产、海盐、航运、海洋能等资源的开发。例如,在某特定海域,海面是海运通道,海中可以捕鱼,而海底可能有石油天然气资源,这样海洋开发就形成一种立体的、综合的开发格局,资源的利用率高,但它们之间也会存在着一定的相互制约、相互影响的关系。另一方面,海洋开发还要合理利用海洋资源,要注意保护海洋环境,避免污染和破坏海洋生态平衡。尤其是在海洋开发密度大、开发程度高的海区,各种资源开发之间、开发和保护之间的矛盾和冲突更为明显。因此,海洋开发是一项综合性很强的系统工程,需要强有力的协调管理,以求获得最佳的经济、环境和社会效益。

十三、海洋开发具有广泛的国际性

对沿海国家来说,领海及专属经济区的边界是有明确范围的,然而在有些方面却不受这些边界的限制。例如,洄游性鱼类、海上污染物的流动,以及国际海底矿产资源等,都是跨国界或共享的。因此,一些具有国际性或涉及国家之间权益和国际关系问题的海洋开发活动,需要国际之间的协调和合作。例如,在 200 nmile,此经济区重叠的海域或公海渔场生产,涉及各有关国家的利益,有关回家必须协商解决资源分配和保护问题。此外,相邻国家还有共同维护海洋环境的责任。

思 考 题

1. 影响海洋生物分布的环境要素有哪些?
2. 如何解释海洋生物群落与生态环境的"成层"与"分带"现象?
3. 什么是生物多样性?有哪三个层次?
4. 为什么海洋生物多样性比陆地生物多样性高?
5. 为什么要保护生物多样性?它对人类有什么重要意义?
6. 按照矿产资源形成的海洋环境和分布特征,海洋矿产资源有哪些主要类型?如何认识海洋是巨大的资源宝库?
7. 简述海洋油气资源的分布特征。
8. 简述全球海洋油气业的发展趋势。
9. 阐述中国海洋油气工业的发展概况。
10. 简述海洋油气资源的开发特点。

参考文献

[1] 陈灵芝.中国的生物多样性现状及其保护对策.北京:科学出版社,1993.

[2] 陈宗镛.潮汐学.北京:科学出版社,1980.

[3] 方国洪,郑文振,陈余镛,等.潮汐和潮流的分析和预报.北京:海洋出版社,1986.

[4] 冯士筰.风暴潮导论.北京:科技出版社,1982.

[5] 冯士筰,李凤岐,李少菁.海洋科学导论.北京:高等教育出版社,1999.

[6] 怀利 P J.地球是怎样活动的.张崇寿,译.北京:地质出版社,1980.

[7] 胡建宇.物理海洋学基础教程.厦门:厦门大学出版社,1995.

[8] 黄宗国.中国海洋生物种类与分布.北京:海洋出版社,1994.

[9] 海洋图集编委会.渤海、黄海、东海海洋图集:地质、地球物理.北京:海洋出版社,1990.

[10] 海洋图集编委会.渤海、黄海、东海海洋图集:水文.北京:海洋出版社,1992.

[11] 海洋图集编委会.渤海、黄海、东海海洋图集:气候.北京:海洋出版社,1992.

[12] 金性春.大洋钻探与中国地球科学.上海:同济大学出版社,1995.

[13] 麦克尼利 J A.保护世界生物的多样性.薛达元,译.北京:中国环境科学出版社,1991.

[14] 李学伦.海洋地质学.青岛:青岛海洋大学出版社,1997.

[15] 李全根,孙成权.地球科学新学科新概念集成.北京:地震出版社,1995.

[16] 富维尔 R.海洋.《海洋》翻译小组,译.北京:科学出版社,1975.

[17] 孙湘平,姚静娴,黄易畅.中国沿岸海洋水文气象概况.北京:科学出版社,1981.

[18] 孙湘平.我国的海洋.上海:商务印书馆,1985.

[19] 苏育嵩.台湾海区海水环流及黄东海水平衡的初步探讨//太平洋西部渔业研究委员会第四次全体会议论文集.北京:科学出版社,1963.

[20] 孙珍.中国海洋油气产业.广州:广州经济出版社,2011.

[21] 孙吉亭,等.海洋产业资源与经济研究.北京:海洋出版社,2010.

[22] 辛仁臣,刘豪.海洋资源.北京:中国石化出版社,2008.

[23] 调查报告编写组.全国海岛资源综合调查报告.北京:海洋出版社,1996.

[24] 王琦,朱而勤.海洋沉积学.北京:科学出版社,1989.

[25] 杨殿荣.海洋学.北京:高等教育出版社,1989.

[26] 叶安乐,李凤岐.物理海洋学.青岛:青岛海洋大学出版社,1992.

[27] 中国大百科全书编辑委员会.中国大百科全书.北京:中国大百科全书出版社,1990.

[28] 中国海洋年鉴编纂委员会.1994—1996中国海洋年鉴.北京:海洋出版社,1997.

[29] 中国气象局国家气象中心.中国内海及毗邻海域海洋气候图集.北京:气象出版社,1995.

[30] 张方俭.我国的海冰.北京:海洋出版社,1986.